淡定的女人最幸福

| 宿文渊 编著 |

中国华侨出版社

·北 京·

前
言

淡是人生最深的底色

生活，不只是生下来，活下去。它不是画，却应有水墨画般的淡雅舒意；不是诗，却应有诗歌般的优美旋律，生活，本就是首优美的歌，需要我们每个人用心去感知。人的一生犹如簇簇的繁花，既有火红耀眼之时，也有暗淡萧条之日。如果过分在意荣辱、得失，就会滋生烦恼和痛苦。

人想要自己活得幸福快乐，需要保持一种"淡"如水的心境。当一个人把寂寞当作人生预约的美丽，怀着淡定从容的心态去面对，也就没有了真正意义上的苦恼。

淡定与从容是一种人生的智慧。佛祖拈花的手指，打动了无数人的心，只有迦叶使者，绽开会心的一笑，笑得那么自然、那么恰到好处，让人领悟到什么是真正的大彻大悟、超凡脱俗。佛法所说的四大皆空，其实并不是真的不存在，它只是告诉人们一个道理，要学会放下、或活在当下。

一个人的幸福感来自哪里？它来自一个人内心的淡定和坦然。要生活得幸福，前提是看轻身外之物的得与失，做淡定的自己。患得患失的人，不会有开阔的心胸，不会有坦然的心境，也不会感受到真正的幸福。

家人身体健康，孩子成绩优良，今天衣食无忧，晚上能够平安回到家中，这就是幸福。幸福总是朴素的，一如粮食、空气和水。人生幸福与否更多地取决于感受幸福的能力。以平和之心看待周围的一切，幸福便会油然而生。

宠辱不惊，看庭前花开花落；去留无意，望天空云卷云舒……淡定是心灵的修炼，是一种人生的境界和智慧。

淡定是泰山崩于前而面不改色的镇定；淡定是胜不骄，败不馁，遇事沉稳而又积极的豁达；淡定是荣辱不惊、不为名利所累的自若；淡定遵从内心，活出自我的真性情。淡定可以让人拥有一颗平静的心，它让浮躁的人们学会放下，告诉人们一切顺其自然，非宁静无以致远；它让人们在寂静的时光中得到心灵的滋养，在智慧中得到人生的升华；它让生命回归纯简与平衡。

幸福在哪里，人人都在寻觅。女人天性中对幸福有一种渴求，却往往不能得其门而入。《淡定的女人最幸福》为所有渴望得到幸福的女人们揭示了幸福的真谛——越淡定越幸福。从现在开始，让我们一起翻开这本书，踏上这段充满希望的幸福之旅吧！

目 录

第六章

有一种感情：云淡风轻

第七章

诱惑向左，幸福向右

第一章

生之若水："淡"是人生最深的滋味

人淡如菊，心淡若水

　　女人的一生注定要经历许多阶段，比如说纯真无邪的少女时代，热情靓丽的青春岁月，温婉沉稳的中年时期，从容淡定的晚年。每个人生阶段都有独特的风景，每段岁月都会给人不同的感受。可进入中年的女性，会感觉自己一下从躁动中宁静下来了，不经意间就有了种坐看云卷云舒、心境如水的超然。

　　淡定的女人不仅是在遇到大事的临危不惧和镇定自若，更表现在生活中的时时豁达，事事淡然，才是真正的平和淡定。真正的淡定，表现在荣辱之外，淡于名利之外，淡在诱惑之外。淡然的心态，能够让我们在物欲横流的滚滚红尘中，看清纷扰，洞察世事，谢绝繁华，回归简朴，达到"人淡如菊，心淡如水"的境界。

有两个不如意的年轻人，一起去拜望一位禅师："师父，我们在办公室被欺负，太痛苦了，求您开示，我们是不是该辞掉工作？"两个人一起问。

禅师闭着眼睛，隔半天，吐出五个字："不过一碗饭。"就挥挥手，示意年轻人退下了。回到公司，一个人递上辞呈，回家种田，另一个却没什么动作。

日子真快，转眼十年过去。回家种田的，以现代方法经营，加上品种改良，居然成了农业专家。另一个留在公司里的，也不差，他忍着气、努力学，渐渐受到器重，后来成为经理。

有一天两个人相遇了，"奇怪！师父给我们同样'不过一碗饭'这五个字，我一听就懂了，不过一碗饭嘛！日子有什么难过？何必硬巴着公司？所以辞职。"农业专家问另一个人，"你当时为什么没听师父的话呢？"

"我听了啊！"那经理笑道，"师父说'不过一碗饭'，多受气、多受累，我只要想'不过为了混碗饭吃'，老板说什么是什么，少赌气、少计较，就成了！师父不是这个意思吗？"

两个人又去拜望禅师，禅师已经很老了，仍然闭着眼睛，隔半天，答了五个字："不过一念间。"然后，挥挥手……

没有一样东西是可以完完全全、真真正正抓住的，无论是物，还是人。因此不必斤斤计较，刻意追逐。我们只有放下过高的期望和过多的执念，顺其自然地享受生命过程中的一切，"不以物喜，不以己悲"，平平实实地处世，才能做到心淡如水。

女人，性格好比其他的好更重要。人们常说性格决定一切，当一个女人做到淡定大气，那么她一定是优雅的、充满魅力的。

从容淡定的女人总是微笑着面对困难。她们不为日常琐事而忧心，不为生活的压力而焦虑，不为一时的荣辱得失而坐立不安。得意时，她们告诉自己胜不骄，继续走好未来的路；失意时，她们暗暗鼓励自己，不要太在意过去的，一起向前看；挫折在前，她告诫自己重新振作，适应新的变化。淡定的女人如秋叶般静美，不急不躁，不争不抢，给人以宁静。淡定的女人更能感受生活，更能享受生活。

人生的事，不必事事在意，时时忧心。以一颗平常心对待，心淡若水，就是最好的处世态度。"

现代社会女人要工作、要生活、要照顾家，对于女人的要求高了很多，于是很多人迷茫了，面对如此浮躁的世界，女人该如何生存下去？

有个女人觉得生活不易，烦躁之时遇到一位礼佛者。

礼佛者告诉她说："看淡世事，船到桥头自然直。"

女人问道：前路难测，世事多变，我该如何自处？

礼佛者回答说："一切随遇而安。"

女人又问："女人压力何其大，工作要不输给男人，生活上还要照顾家庭。当世事、情感、工作压力一并压在我的头上时，我该怎么办呢？我不是出家人，做不到看淡一切。"

礼佛者说："你觉得做不到，是因为你不够淡定。看透了，也就淡定了；淡定了，也许就看透了。"

的确，当我们遇到困难或挫折的时候，如果可以先让自己平静淡定下来，给自己一冷静思考的空间，也许我们能够换个角度看待问题，并从中找出突破点。其实，生活和工作是苦还是乐，往往在一念间。你若淡定，告诉自己慢慢来，也许就会想到好的解决办法。

淡定意味着冷静地看待事情。看清眼前的，透过现象看到本质。淡定意味着在大多数时候应该保持好心态，谦虚谨慎，戒骄戒躁。人生是不断修炼的过程，我们要学会摒弃无谓的烦恼和杂念，在不断的思索中体悟淡定的真谛。

淡定的女人不苛求，也不盲从，从容地享受着内心的宁静。她总是有条不紊，而且尽心尽力地做着自己喜欢的事情。从容的女人在生活中会处之泰然，不会太过兴奋而忘乎所以，也不会太过悲伤而痛不欲生。

"淡极始知花更艳，愁多焉得玉无痕"。好一个淡极始知花更艳，正因为淡雅至极，所以才更显娇艳！女人的一生，淡到极致的美丽，是淡定而从容！

都市中浮躁的女性朋友们要学会让自己沉淀下来，用淡定去品评人生的真实，用淡定享受生活的乐趣。做一个淡定的女人，如秋叶般静美，象丁香那样淡雅。携一份宁静，带一种从容，淡然地来，淡然地去，活得简单而有滋味，只要留下的是一缕馨香。

真水无香，真味是淡

生活中，很多女人宁愿在激烈的职场中奋力搏击，而无法忍受平凡、轻松的生活状态。事实上，优秀的女人不是一味追逐轰轰烈烈的生活，更重要的是经得起平淡而琐碎的日子。有一句很时尚的话说：真水无香。同样，生活的真正滋味也是平淡。

我们在阅读时会发现，一本好的书里精彩的句子也就那么几句；听音乐会感觉到，一首好听的歌曲里优美的旋律也就那么几行，成功的人生，高潮也就那么几天或几年。一个建筑，满眼都是雕龙画栋，不过给人以奢侈和浪费之感。真水无香，真味是淡，这是人生的一种极致。

优雅的女人是这样的：当最初的光芒退却，洗尽铅华，岁月沉淀下来的是平和的内心和回归纯简的淡然，方才绽放出了生命最纯粹的样子。就像歌里唱的：曾经在幽幽暗暗反反复复中追问，才知道平平淡淡，从从容容是最真！

身为人间一平凡女子，我们也许都曾有过炽热的激情、绚丽的梦想；我们期待轰轰烈烈过一生，期待雁过留声人过留名；我们享受过成功的喜悦，也感受过失败的沮丧。历经磨炼，我们渐渐平静，内心变得更加淡定从容。

看过《倚天屠龙记》的读者都知道其中有一个奇女子赵敏。她聪慧、狡黠、淡定、大气，出身显贵，身为蒙古郡主，一出生便拥有常人无法企及的权势、财富，她为朝廷效力，巧施妙计囚禁六大派高手，破少林，上武当，她果敢英明，对喜欢的东西绝不放手，对不喜欢的蒙古王爷不屑一顾。

经历过大起大落，经历过权势荣华，最终赵敏明白，其实自己也不过是芸芸众生中的一个，只是一个小女子，只想与心爱的人过平淡的生活，再壮烈的人生最后也会归于平淡，生命如小溪般缓缓流淌才是最终的归宿。

于是，赵敏做了自己的选择，她为了心爱的人不惜与父兄决裂，甘愿放弃荣华富贵、权势地位，最终与心爱的人远走江湖，过着平淡宁静的生活，再不理朝堂纷争、江湖恩怨，只愿做张无忌身边的小女人。

经历轰轰烈烈，赵敏却只愿过平淡的日子，陪着张无忌看天边的云，看水里的鱼，看风怎样吹，看太阳怎样升起。她只想要和心爱的人"画一辈子眉"的小幸福生活。因为她明白自己真正想要的是什么，明白平淡才是人生最终的归宿。

人生如水，真味是淡。女人不妨学学赵敏，大多数人都只是平凡人，过着平淡的生活，多数女人想要的生活也不过是平淡的、安稳的。人生一世，即便能够轰轰烈烈，最后也要归于平淡，平淡是最后的归宿。

著名哲学家罗素说："人生当如河流，初期狭窄，与两岸挟持间奔腾而下，继而河岸渐宽，河水渐缓，最终悄然流入大海。"我们的生活不是电视剧，不需要那么多曲折的情节。生活本是一条小溪，虽有微澜，但更多是安详宁静。

其实，每个人本身就拥有一笔巨大的财富。身体健康的我们比残疾人幸福；如果父母健在，就比孤儿幸福；你有一份工作，就比失业的人幸福……幸福是一种心态，一种感觉，一种体会。当你以淡定的心态闲看世间浮云流水，认真过好当下的每一天，依旧能过得自由、诗意。

人活一世，很多人总在追求丰富的物质生活，心中有无数的欲望，于是人们就背离"平平淡淡才是真"的心境。明白了平淡的处世方式才是聪明的，我们珍惜"君子之交淡如水"。我们明白幸福的真谛是"平平淡淡才是真"。一切都是淡淡的，在这样平和清淡的氛围里，心安宁了。

很多时候，我们一直在追逐，追逐名利、地位、爱情，总学不会放下，总不能体会平淡的快乐。太过执着的追寻，直到自己伤痕累累也放不下。其实，世界原本平淡，人心本来单纯。保持住淡然的心态，过淡定的生活，是女人追寻幸福的终点。

张爱玲是一个集才情与魅力于一身的女性，在众人眼中，她是多么骄傲、多么不合流俗，但她仍然被胡兰成幽兰一样的芳香所迷惑。张爱玲送给胡兰成的照片里写：见了他，她变得很低很低，低到尘埃里，但她心里是欢喜的，从尘埃里开出花来。这样一个风华绝代的奇女子当遇到了自己倾心的爱人时，也是流于世俗，渴望与他过平淡而琐碎的现实生活。只是不幸的是，她遇到的是一个多情的男人。

古人说："淡泊以明志，宁静以致远。"平常心才是真胸怀、大境界。"淡到极致始觉香。"品味平淡，是一种人生境界。回归平淡，需要的是经历的积淀，内心的修炼，洞明世事的火大。纵观古今，历代名人，功名显赫，历经人生沉浮后，抛却名利，回归平淡。甘于平淡，不是逃避，不是丧志，也不是寂灭。而是涅槃后的精神升华，是了悟后的自然回归。

平平淡淡是一种生活状态。我们用淡定的心享受平淡的生活，快乐地度过人生。人活一世，最终求的不过是现世安稳，岁月静好。真水无香，真味是淡。放下烦恼纷扰，让自己的世界变得简单，用淡定的心过平淡的生活。

淡定是明亮而不刺眼的光辉

生活中，很多女人认为淡定就是本身要有耀眼的光辉，那种站在人群中就能引起瞩目的光彩，因而，她们总是在刻意追逐着外在与众不同，甚至是另类的举止行为。其实，真正淡定是一种内化的优雅，一种内心的强大的，处处散发着由内而外的自信。

淡定的女人，不一定很漂亮，不一定很懂打扮，也不一定随时随地都能与人侃侃而谈，但她们却可以让你静下来，这就是是淡定的女人独特的魅力。与淡定的女人相处，你会觉得很轻松，很舒服，一切都是淡淡的，在这种淡然的氛围里，心也变得宁静了。淡定的女人必定是令人舒服的，就像一道光，明亮但不刺眼，照亮了你，温暖了你。

著名学者于丹曾说：一个人的自信来自哪里？它来自一个人内心的淡定和坦然，要做到内心强大，一个前提是看轻身外之物的得与失。患得患失的人，不会有开阔的心胸，不会有坦然的心境，也不会有真正的勇敢。淡定的女人必定是自信的、勇敢的、坚强的。淡定的心态像是指路的灯塔，明亮而不刺眼，指引前进的脚步。

胡茵梦早年才情出色，20岁以云深不知处而惊艳天下，名动优伶。这样集美貌与才气的女子本来可以同《窗外》中的林青霞一样在日后的影坛上大发奇彩，可惜的是，她与李傲短暂的婚姻闹剧后离奇转变，从繁华走向落寞，从追求外的虚荣华贵而进入探索内在的真实自性。

胡茵梦，从演员跨越成为作家、学者，她的文字、自身曾经都是争议的焦点。她似乎永远无法摆脱美女和戏子的噩梦。如此多的争议放在任何一个女人身上都是一种枷锁。可多少年过来，胡茵梦并没有被争议和失败的婚姻打垮。

集美丽气质与才华于一身的胡茵梦，近二十年来致力于引进先锋的世界心理学丛书，并洞悉事物真相，不断地努力追寻。她自称拥有灵媒般的特殊体质，敏感度颇高，视成长、灵修与自疗，为人生中最重要的事。

像她所引进的心理学书籍，翻译的印度著名哲学家克里希那穆提的著作《爱的觉醒》，正在成为知性女人的热宠。胡茵梦的唯一座右铭就是：平常心。即便过尽千帆也始终可以感受幸福。如此淡定大气的女人怎么不令人动容

如今，作为一个丰富生命个体，胡因梦身上有着一种"热情的投入与冷静的觉知双管齐下"的特质。多彩的经历带来的是广阔的视角，她除了翻译与写作之外，还热心于环保公益活动、心灵成长的团体建设、教育的省思等。这种内在探索过程已经将她的美丽，才华，智性融为完善的一体。由于身心灵完美的交融，使她成为当代不可争议的少数奇女子之一。

淡定，是一种明亮而不刺眼的光辉，一种圆润而不腻耳的声音，一种不再需要对别人察言观色的从容，一种终于停止向四周诉苦的大气，一种不理会哄闹的微笑。淡定从容的女人会给人一种从容不迫的气质和强大的气场。我们应该学着慢慢淡定，不要有一点委屈就抱着电话跟死党抱怨，不要由于看不惯一些人的行为就表现出自己内心的反感。个性激烈的女人们，请收拢起你那张扬的表情和嘹亮尖脆的笑声，淡定地看着周围的一切。

让我们做一个冬天的太阳般的女人，温暖而不炙热，宽容而淡

然，无论风霜雨雪，都用自己暖暖的笑容包容一切。淡定的女人，能放能收，能忍能让，能伸能屈，能看透世事。不被别人的评价左右，不因为一个赞美就飘飘然，不因为谁的批判就百思不解，淡定地过自己的生活。

现今的社会，对女人的要求很高，女人要生活、感情、事业各方面全能，但又不能风头盖过男人，要做一束光，要明亮但还不能刺眼，真能做到的女人着实不易。这就要求我们要有保持一种轻松平和的心态，正确地看待自己，宽容地对待别人，努力与周围的环境保持和谐。

有一个贸易公司，不仅事务繁杂而且节奏快，很多人越忙越乱，打电话也急吼吼的，常常忙中出错。李姐是公司的老员工，为人温和，人缘极好，工作业绩也做得最好。再急的事到她手里也是不紧不慢的，每次打电话都是有条不紊，难得的是极少出错。

有新员工向李姐请教经验，李姐说："其实很简单，我的秘诀要业绩但不伤和气！要知道，我的业绩是建立在良好的人际关系之上的，如果我过于张扬和高调，势必引起他人的妒忌或者伤害了对方。所以，我在追求自己的精彩人生的同时，也不能让这种光辉刺伤了他人的眼睛。"

一个女人如果能够保持轻松平和的心态，不被物欲束缚住心灵，不被狭隘遮挡住视野，妥善处理人际关系，实现自己的人生价值。因此，保持一颗淡定的心，要尽量把名利、荣辱、进退看得淡一些，防止这些东西干扰正常的学习、工作和生活，努力在纷繁复杂的社会生活中把握正确方向。

女人需要一颗淡定的女人心，坦然去面对繁重的工作。当看到人生悲喜、幽怨时，都可以化作一份淡淡的心情。然后，和风细雨、心平气和地面对一切。做一道明亮而不刺眼的光辉，照亮身边的人，又不会灼伤别人，做温暖的光，做温暖、淡定的女人。

生活，总有一个安身的角落

现代社会，越来越多的人开始迷茫，开始不安。有人为工作发愁，有人为房子烦忧，有人为找不到自己的定位烦躁。人们总觉得钱不够多，生活不够安逸。迷茫时，人们开始焦躁不安，蠢蠢欲动，身心无一刻宁静。其实，我们可以大可不必如此焦虑。

淡定的女人总是以气定神闲的态度来面对生活，因为他们相信：世界之在，总会有一个地方让自己安身立命。每个人都是自己生命中的主角，如果我们可以掌控自己的生命和生活，这就是最大的幸福。

淡定地对待人生中的每件事，让这场没有彩排的戏更加精彩。不用迷茫，不用焦虑。不必为买不起房子而忧心，心灵归处，处处是家。不必为自己一无所长烦忧，

"天生我材必有用"。也许你现在只是一个普普通通的小职员，也许你正处在逆境中奋力挣扎，也许你仍居无定所，漂泊在路上……别着急，慢慢来，你总会找到属于自己的位置，也许不大，但一定会有。不要气馁，不要不安，一时找不到不代表永远找不到，生活，总有一个安身的角落给你。

张海迪的故事家喻户晓，5岁因患脊髓血管瘤导致高位截瘫。从此，张海迪开始了她独特的人生。她无法上学，便在家中自学完成中学课程。给孩子当老师，自学针灸医术，为人们无偿治疗，还当过无线电修理工。她虽然没有机会走进校园，却发奋学习，学完了小学、中学的全部课程，自学了大学英语、日语和德语以及世界语，并攻读了大学和硕士研究生的课程。

1983年张海迪开始从事文学创作，先后翻译了数十万字的英语小说，编著了《生命的追问》《轮椅上的梦》等书籍。2002年，一部长达30万字的长篇小说《绝顶》问世。获得了多项国家级荣誉。从1983年开始，张海迪创作和翻译的作品超过100万字。她被称为"当代保尔"。

快乐是很难的，我们常常为了短暂的快乐，愁苦经年，但张海迪更难。张海迪看上去很快乐，哪怕是在最痛苦的时候，她也能做出一副灿烂的笑脸。张海迪说：我最大的快乐是死亡。但是，她却活了下来。不仅活着，而且活得非常好，她写小说，画油画，跳芭蕾，拍电视，唱歌，读硕士……甚至，她很喜欢香水，她活得有滋有味。作为政协委员，张海迪的提案是在高校推行无障碍设施。

"我很痛苦，但我一样可以让别人快乐"，张海迪说这话的时候，诗意从她身边弥漫开来。淡定、平和、大气，这些女性的光芒从一个截瘫病人身上散发出来，是不是更令人惊叹？

张海迪说："20年过去了，现在回想起来，面对媒体我始终非常平静，当你突然面对那么多的闪光灯、笑声、掌声，调整自己最重要，该做什么还是做什么，我的心始终像一泓碧水，那么蓝，那么深。"

最痛的时候，她也能做出一副阳光的笑脸。但张海迪说，她从来没有一件让她真正快乐的事。易地而处，如果你是张海迪会如何？能不能如此淡定的对待人生？如果张海迪因为截瘫而放弃学习，那么她只是一个坐在轮椅上庸庸碌碌的人，不会成为榜样。面对困难，如果张海迪不淡定，那么她不会潜心学习助人助己。

如今，有谁敢说张海迪碌碌无为？在这个大大的社会中，张海迪拥有自己独特的位置。只要淡定坦然，生活的荆棘也会为你让路。很多时候，困住你的不是事情本身，而是你的心态。越诉苦越苦，越抱怨越怨。舒展你的眉头，没什么大不了。

女人要淡定的面对生活，面对困难，生活会给予回报。假如你被人不小心泼了一身水，不必生气，你大可以甩甩身上的水，满心欢喜地说："太好了又可以买新衣服了！"然后扬长而去，这就是淡定！哪怕受过伤、受过挫折，依然拥有静气淡然的生活态度。

一位长寿的老人提及长寿的秘诀时说："人生是短暂的，在有限的时间中，要生活得快乐，就不要沉迷于物欲，不可执着于琐事；要多一分宽容，自然也就少一分烦恼；身体轻松内心圆融，看淡世事，自然长寿。"老人就是以宽容淡定得心态面对人生、面对生活。神鹰背上秋风过面，名利场中宠辱不惊。坦然、淡然的面对生活给予我们的磨炼，找到自己的安身之处。

每个人对生活的追求都不同，在生活中要学会享受自己的生活。有句俗话：各有各的活法，各有各的道儿。这句话说明了一个道理，那就是生活有无数种形式，人的活法并非一种，每个人都会有自己的安身之处。

有的人，别人看着羡慕，自己却颇感不足；有些人，自己活得自在，别人看着别扭。生活，有无数种可能，找到适合自己的方式才最重要。不要总是羡慕别人，觉得自己才华不如张三，长相不如李四，收入不及王五。不可否认，位高权重者一呼百应，腰缠万贯者一掷千金，确实令人羡慕。

但是，全世界60多亿人口中，这些"幸运者"占了多大比例？绝大多数还是平凡人啊！人们常说：人比人得死，货比货得扔。一味地羡慕别人没有用，只会令你对自己越来越失望。不要灰心，不用气馁，生活，总有我们的安身之处；社会，总会有我们的位置。

余光中的《假如我有九条命》中说："最后还有一条命用来从从容容过日子，看花开花谢，人来人往，并不特别追求什么。"在高速运转的都市里，但愿有一日，我们都可以从容度日，看春去秋来，月盈月缺。

芸芸众生，没有固定的人生目标和生活模式，如果用某种模式框定自己去追求目标，你就会失去自我，失去生活的乐趣，即使你成功了也不会感受到幸福。人的一生要慢慢过，学会淡定的享受生命，享受我们在生活中的角色，而不是拖着生命急匆匆的赶路。

淡定的女人不会在乎是否有人欣赏自己，她们活着不是为了给别人看，因而她们活得更坦然。淡定的女人不求全，不勉强，安然自得地过自己的生活。一个女人如果能在自己的天地里淡定生活，那么一定有一个属于你的安身之处！

不贪即是乐，自足乃为福

人们常说"知足常乐"，在这个物欲横流的社会中，真正做到的人不多。人们总是追求更多的钱、权、利，忽略了生活本身。如果你是一个平凡的女人，也许你曾羡慕别人的官运亨通，但却不知道他们工作繁多、小心谨慎，处处如履薄冰，这样你还会羡慕他们的生活吗？

如果你曾仰视那些位高权重的人，当他们摘掉乌纱后的失落、抑郁、不知所措后，你还会仰视他们吗？如果你羡慕有钱人挥金如土的奢华生活，但你发现别人为了那永远也赚不完的钱而尔虞我诈，成为钱的奴隶的时候，你还会羡慕他们吗？

所以，每个女人都不用羡慕别人、不要妄自菲薄，不贪图享受，懂得"知足常乐"，按照自己的意愿走自己的路，才是最真实、最幸福的生活，懂得知足的女人才幸福。

很久很久以前，有个农妇在修理自己房子的时候，挖出一尊十足赤金的罗汉，经过鉴定，这尊罗汉简直连城，农妇瞬间发了大财，再也不用辛苦劳作了，周围的亲友无不羡慕。

可过了一段时间，大家发现，农妇并没有因此而快乐，反而愁眉不展。以前，她赚钱干活，只要吃饱穿暖，就无忧无虑，自由自在。可是自从挖到金罗汉之后，反而食不知味、睡不安寝。

有人问她："你现在这么富裕，为什么反而没有以前穷的时候过的自在呢？"

农妇愁眉苦脸地回答说："我担心两件事啊，第一，我怕有小偷来偷我的钱，第二，我既然挖出了一尊罗汉，说不定我家的地下还有十七尊金罗汉呢，不知道在什么地方埋着呢！要是另外十七尊金罗汉也能归我该多好啊！"

"人心不足蛇吞象"，这样贪财不知自足，怎么能不困扰呢？一只装满水的杯子，肯定不能再往里边加水了，因为再加水就会溢出来。适度不贪的道理，大家都明白，一旦与人的欲望联系起来，就不是每个人都能看清楚的了。

俗话说：欲壑难填，为什么？因为人心贪婪。在电影电视剧中，大家都见过赌徒在赌场的情节，赢的人开怀大笑，输的人垂头丧气，但不管是输是赢，都不会轻易离开，因为赢的人想赢更多，输的人想翻本，这就是贪婪之心。

拥有许多钱并不一定能使人幸福，对物欲的过分追求很可能令人丧失本性，我们应该控制自己对金钱、地位、权势的欲望，女人容易对自己的容貌、身材过分在意，贪心常在。这些都成为我们内心的羁绊，要知道，没有赚不完的钱，没有完美的女人，知足常乐才最重要。

懂得知足才幸福。社会虽然很复杂，但幸福很简单，知足常乐，给人带来宁静，带来发自内心的幸福。

唐恬是一个2岁宝宝的妈妈，她很年轻，才25岁，通常这个年纪的女人都在追逐名牌服装、首饰及奢侈品等各种东西，来满足自己的物质欲望和虚荣心。但唐恬却是一个深谙"知足常乐"之道的女人。

刚上大学时，唐恬也曾经羡慕别的女生能大手大脚地花零花钱，而自己却不得不费尽心思的省着花。因为她知道自己家里还有三个妹妹在读书，家里的经济条件不允许她随心所欲地花钱。

后来，当她看到那些高消费的女孩在学习上并不出色，每当期末考试时，不是手忙脚乱，就是想方设法地作弊。唐恬突然明白了，外表打扮得再漂亮，没有才华也不过是花瓶一只，从此，她便不再羡慕别人的富裕生活。只是努力学习，课余时间打工赚取自己的生活费，以减轻父母的负担。

毕业工作后，唐恬又把大部分的工资都给了家里，让父母不用那么辛苦，每汇一次钱回去，她心里就觉得轻松一些，踏实一些。她说："人要懂得知足的道理，知足就能看开一切，知足会提醒自己要怀有一颗感恩的心，永不退缩的奋斗精神。"

如今唐恬和老公过着平淡而幸福的生活，有一个可爱的儿子，不愁生计，闲暇是还可以带着儿子出去旅游。

唐恬说："有时候走在街上，看到有人乞讨，有人靠卖苦力挣钱，还有些人是身体不健全的，每当这个时候，我就更觉得知足了。虽然我家没有名车别墅，没有山珍海味，但我有一个爱我的和我爱的老公，有一个可爱的儿子，一份稳定的工作，一家人衣食无忧，一家人开心快乐地过着平淡而幸福的生活，足矣！"

对于欲望和幸福，唐恬有自己的一番感悟："我觉得人的欲望是无止境的，欲望越大意味着要付出的就越多。当你没有那个能力去实现自己所追求的目标时，就会出现几种结果：有的人心情就会一落千丈，从此一蹶不起；有的人会加倍地付出直到达到想要的结果为止，也许有的人会一帆风顺，但过程必然不轻松。只要在自己能力范围内，能达到一个相对较好的生活水平就行。只要心态好，平凡的日子也会觉得幸福，所以我常常对自己说：知足常乐。"

如今的唐恬不羡慕那些单身的朋友可以肆无忌惮地泡夜店，疯狂地购物，她说："我有我的家，我有我的宝贝，为了宝贝，为了一个幸福温暖的家，舍去这些我仍感快乐，所以知足常乐，能让自己更快乐！"

在这个浮躁的社会中，不贪心就很容易感到快乐，知足就会觉得幸福。人生匆匆数十年，有什么比快乐更重要呢？金钱能买到一幢房子却买不来充满欢笑的家，能暂时满足虚荣心却不能体验到内心的幸福。

人们在欲望的满足上要把握适度的原则，欲望的"度"一旦突破了界限，必然会带来危害，伤人伤己。我们都是平凡的人，大多数人都希望自己名利在手，但要记住，名利是身外之物，忘记名利，简单平凡的生活才是最大的幸福。

现实中，有些女人虽然拥有豪宅和钻石，却总是苦于得不到幸福；相反，有些女人却在寻常的日子里幸福地度过了一生，那是因为她们懂得享受拥有的，不贪心。所以，淡定的女人不贪心，她们深知：真正的幸福来自平凡的生活，来自内心的满足。

人生在世，几十年的时间弥足珍贵，不要都浪费在无度的追求名利上。懂得知足常乐的女人，都拥有一种淡然之美，淡定的女人别有一种风度。知足，让自己更加豁达，这是一种生活态度，学会知足，让自己的生活更快乐一些。

平和静远间书就人生淡雅

女人，平心静气、静静的时候最美。平和的心态带来高雅的气质，生气只会破坏女人的形象，与其声嘶力竭，不如莞尔一笑，明天还未到来，急什么。人生得意淡然，失忆也淡然。

心态淡定、睿智的女人会时时倾听自己的内心，诚实地面对自己真实的感受和欲念，明确地知道自己想要的，不曲意承欢，不委曲求全。她们知道只有这样爱自己，才能体会到爱的真实意义，才有能力去爱别人。

生命给了你什么磨难，也必然会回馈你什么，不要着急，在等待的过程中学会爱自己。当女人开始爱自己，就开始体会到生命的真谛了，这时的女人便不再苛求，更不轻易妥协。告诉自己：自信些，勇敢些，让思想和血液流动得更快一些。有计划、有步骤地去做自己，活出自己的本色，做个淡定、勇敢的女人。淡定、勇敢的女人是美丽的，辱空谷幽兰，暗香浮动。这个社会变化太多，我们不要让自己的心也变化慌乱，懂得保持内心平和的女人，就像闹市中的一间静谧的茶馆，让人忍不住想歇足休息。

提起赵雅芝，大家都不陌生。她在银幕上塑造的一个个经典角色令人印象深刻。她是几个时代人心中的女神，引领多个时代的标杆。赵雅芝华贵端庄、优雅脱俗，美貌影响了几代人的审美观。她被誉为"古典第一美女、最能代表中国美的美女"。

很多人上学时候就喜欢收集她的海报贴画，喜欢她塑造的白娘子，喜欢她演绎的冯程程，喜欢她诠释的姚木兰。无论是着古典，还是穿现代，赵雅芝都漂亮得近乎完美。她的演技、她的芳华、她的美貌不老传奇，她影响了几代人的审美观，被大众誉为最具有中国美的妩媚女子。

她的一颦一笑令人着迷，她是高贵优雅仙姬的代名词，她是华人女明星中的奇葩。中央电视台更是把赵雅芝视为倾国倾城的大美人。古装第一美，古今皆相宜。白娘子深入人心，冯程程风靡一时。到如今，贤妻良母、相夫教子，风韵犹存。

一个女人，能在事业上取得如此高的成绩，应该是前呼后拥，艳光四射的。但在赵雅芝身上，永远看不到大牌明星的架子，她永远是那么谦和淡然，她那种独有的气质，与其他的明星比起来，少了一份俗气，多了一份雅气，几十年过后，她依然还是那样温婉动人，也许，心态是最好的美容秘方。

对于自己的事业，她说从来都只当作一份工作，当作自己的兴趣，把它做好。在她心里，家庭才最重要，亲人永远是第一位的。好妈妈、好太太和好演员，她在角色转换间游刃有余。在演艺圈里，像她这样家庭事业两不误、双丰收的，堪称是稀有了。

无论何时看到赵雅芝，她都是那么淡然平和。赵雅芝就像是一幅水墨画，淡淡的，独有的韵味令人着迷。女人，就应该像赵雅芝这样吧，平和温婉，淡定大气，家庭事业两不误。赵雅芝堪称女性的典范。

女人一生，应该追求淡雅之美，淡名，淡利，无争，无夺。一切自然，一切淡定，任他风吹雨打，坚守自己心中的净土，像一盏无味而至味的茶。淡雅，女人之所求。淡雅，女人之所愿！

女人要学会爱自己，只有一直妥善地保护自己内心的纯净，才能抵抗过多的诱惑和堕落。这样女人才能做到将真诚、纯洁、干净的爱赋予自己所爱的人，同时也能保证自己的家庭和事业都向着好的方向发展，这才是真正的幸福。女人用三分之一的心思去爱一个男人，用另外三分之一的心思去爱世界和生活本身，再用那剩下的三分之一心思来爱自己。只有这样做的女人，才不会辜负自己的一生，才能用平静淡定的心情去享受生活。

平和的女人，要求的不是那么多，不会动辄嫉妒别人的富贵和幸运，不会因为追求物质就给自己不断施压，虽然同样感慨社会多变、人生无常，平和的女人却懂得守住内心的一点淡泊。林语堂先生说："人生譬如一出滑稽剧。有时还是做一个旁观者，静观而微笑，胜如自身参与一分子。"这种平和淡然的心态值得女人去学习。平和静远，书就人生淡雅；尘世闲情，总寄花开云动。

人生的乐园里有的不应是金钱、权力、身份、地位，而应是自由、欢愉、悠然和乐观。最美的人生应有最美的思想，最美的思想里有一种就叫闲适与豁然。平静，淡定、不骄不躁，不争不抢，安安静静的享受生命。当我们学会宽容、隐忍、不争，内心自然平静祥和。没有纷争的内心才是最强大的内心，蕴含淡定、低调的生活才是最真实的生活。得意不忘形，失意仍淡然，天下大智莫若不争，放淡悲苦从容应对，静心体味生之芳华。

三毛说人生如茶，第一道苦似生命，第二道甜如爱情，第三道淡如清风。一杯清茶，三味一生，人生犹如茶一样，或浓烈或者清淡，都要去细细地品味。人生在世，成败得失，高低荣辱，都是人生的滋味。

第二章

人生路上，别带太多东西

物质的争取不如心灵的升华

现代社会，在各种激烈的竞争压力下，生活的节奏越来越快，很多女人在承受着艰辛的同时，也获得了较高的待遇。于是，她们在开始不断地追逐奢华生活，并从中得到暂时的心理满足。她们误以为有了金钱就有了一切，甚至把物质争取当作通往幸福的唯一一种途径。

殊不知，这些女人在追逐物质的过往中，往往会迷失自我。物质欲望强烈的女性更是示展各种手段来满足自己对名牌时尚的虚荣。曾经热播的都市剧《北京爱情故事》中就有一个典型的拜金女角色。

以拜金著称的杨紫曦在情场上是个十足的索取派。杨紫曦和吴狄这对情侣从学生时代相处到走入社会，其中感动人心的故事没少发生，就连杨紫曦自己也曾经说过她是真心在爱吴狄，但即便如此，她还是因为吴狄只开得起熊猫车，买不起三环以内的房子就抛弃了他。杨紫曦曾经对朋友说过："你知道最终我和吴狄分手的导火索是什么？——我看上了一双鞋，三千五百块，吴狄买不起，而Andy买给我了。"

　　于是，杨紫曦选择了与那个能够满足她欲望的男人Andy在一起了，结果呢？那个男人给她各种各样的名牌鞋子和首饰，所有一切物质的欲望都可以满足她，却唯独给不了她最想要的安定生活。

　　试问：在都市里的各种女人们，尤其是剩下的白领骨干精英们，你们有想过自己到底适合什么样的生活吗？生活中房子车子还是婚姻的首选吗？真正的爱情是否真的可以用金钱做衡量的标准？

　　纵观飞速发达的当今社会，虽然物质财富极其丰富，但人们在劳碌奔波的人生旅途中，或为追名逐利，热衷于觥筹交错的喧哗中；沉湎于歌舞升平，麻将扑克的寻欢娱乐中；心灵的空间常被挤得满满当当，很难再有宁静的空隙。因此，"好累，好烦"已成为人们时常挂在嘴边的口头禅！

　　当面对生活的重压，人们找不到释放的出口，当看到浮华的人生，内心茫然空虚，从而心灵焦灼，内心无可居所，困顿，迷茫，尴尬。要到哪里找回内心的纯净，透亮，宁静呢？升华心灵无疑是获得宁静的最有效手段。

　　现代的生活节奏快了。人们往往在追逐自己的利益，不会管自己内心真正想的。真正的宁静是在外界的喧嚣中依然可以坚持自己的初心。这是一种睿智，只有这样，才能真正做到淡泊，做到人生的真正宁静。

要想寻到人生的幸福，保持内心的安宁，升华我们的心灵是最有效的方式。心灵的升华来自身的修炼。作为女性，我们应该最大限度地发挥自己所掌握的知识，用知识改变我们的生活境况，用知识给社会创造财富，用知识改变自己的命运。正如我们所熟知的著名主持人杨澜就是因为勤奋读书、努力实践，从而改变了她一生的命运。

提起杨澜，很多人都说她太幸运了。从著名节目主持人到制片人，从传媒界到商界，她一次次成功实现了她人生的转型。杨澜是幸运的，但这种幸运，并非是人人都有，也不是人人都能驾驭的。它需要睿智的眼光、独到的操控能力，是职业经历累积到一定程度厚积薄发而来。

1990年2月，中央电视台《正大综艺》节目在全国范围内招聘主持人。杨澜以其自然清新的风格、镇定大方的台风及出众的才气逐渐脱颖而出。但是，由于她长得不是太漂亮，在第六次试镜时还只是在"被考虑范围之列"。杨澜得知后反问导演："为什么非得只找一个女主持人，是不是一出场就是给男主持人做陪衬的？其实女性也可以很有头脑，所以如果能够有这个机会的话，自己就希望做一个的聪明主持人。"

就是因为杨澜这些话，彻底打动了导演。毕业后，杨澜正式成为《正大综艺》的节目主持人。直到现在，杨澜也一直坚持主持人不一定非得漂亮，女人的头脑更重要。成为《正大综艺》节目主持人，一举夺得金话筒奖。之后，她放弃主持红极一时的《正大综艺》，赴哥伦比亚大学国际和公共事务学院主修国际传媒，并取得硕士学位。

杨澜常说："是知识改变了我一生的命运。"回忆起留学这件事，她说："其实那时候我是没钱去美国读书的，但是我不能等挣足了钱再去读书。物质这东西永远没有满足，对于我来说，内心提升才是最重要的。"

杨澜做访谈节目至今，已经采访了 200 多个政界、经济界或文化界的名人。杨澜认为自己向来的重点不在风格，而在内涵。她说："风格是你在具备一定内涵后才体现出来的东西。"

杨澜追求是内涵的丰富和内心的成长，也因此成为人们心中的知性女人形象。但在现实生活中，许多女人都在追求一种"永恒"的东西，如为了永远年轻美丽不惜花高价美容整形。世上有没有"永恒"如果有，变化就是永恒。为了让我们不至于被时代的车轮碾碎，必须把自己当作"蓄电池"，要不断给自己充电。

要知道，现在的社会瞬息万变，尤其是科学技术日新月异，不断给社会生活注入新的内容和活动，要求女性必须不断学习和更新知识体系。不进则退，如果吃老本的话，我们就有可能渐渐落伍，赶不上时代的要求。女人只有在不断的学习中取得进步，不断自我充实，提升自己的知识和技能，才能获得成功。

现代社会，信息瞬息万变，经济飞速发展，人们匆匆行进在人生的旅途中，为了前方一个或清晰或模糊的目标而奔波不停，却忘记了欣赏旅途中的美景——春风化雨，花开花落，润物无声。忙碌的女人们，不妨停下匆忙的脚问问自己：是否为了追逐目标而忽略了心灵深处的情感与需求？

减法人生——卸下心中的包袱

现代都市变得愈加偌大而繁华，越来越多的女人也适应了快节奏的生活步调。但她们无形中仿佛都背负着一个沉重的包袱，承受着生活的巨大压力。她们无不在发出疲惫与倦怠的抱怨之声，此起彼伏。这是因为不甘示弱的女人们对自己和生活的要求越来越高。

因此，追求物质极大的丰富的女人们一直在用"加法"生活，她们总想着赚更多钱、职位更高、房子更大、车子更豪华等等。当她们耗费半生的心力所追逐来的这些东西，结果却没有因此变得更满足、更快乐，反而进入了另一种迷惘的心境。因此，人生需要运用"减法"哲学。

人生是对立统一体。哲人说人生如车，其载重量有限，超负荷运行促使人生走向其反面。因此，我们要学会辨证看待人生，看待得失，用减法减去人生过重的负担。否则，负担太重，人生不堪重负，结果往往事与愿违。

有一个年轻人总是感觉不到生活的快乐，于是背着一个大包裹，费尽千辛万苦找到一位智慧大师讨教。

见到大师他无比痛苦地说："大师，我的内心是如此地孤独、痛苦、寂寞，长途跋涉让我疲倦不堪。可我依然感觉不到生活的快乐，找不到生命的意义？"

智慧大师笑着问这个困惑的年轻人："年轻人，请你告诉我，这个包裹中装的是什么？"

年轻回答道："这个包裹对太重要了。它承载了我人生中每一次跌倒时的悲伤，每一次受伤后的伤痛，每一次孤寂时的忧愁......我就是靠着它，才一步步坚持走到您这儿来。"

智慧大师听后说："请随我来。"年轻人不解地跟着大师来到一条河边，并跟随大师一起坐上一条船过河到对岸。上岸后，智慧大师对年轻人说："现在，请你扛着船赶路吧。"

年轻人马上反驳到："大师你不是为难我吗？这条船至少有上千斤重，我怎么能扛得动呢？"

这时，智慧大师微笑着对年轻人说："是的，你扛不动。但是你得明白这样一个道理：船只有在过河时才是有用的。一旦过了河，这条船对我们就没有多大意义了，要想轻松赶路，就必须放下船。否则，这条船将会变成我们的包袱。"

年轻人听完智慧大师的这番话，才恍然大悟。

这个年轻人正是由于不懂得生命的减法，自愿带上沉重的枷锁，步履蹒跚地行走在人生的泥泞中，哪有快乐可言？智慧大师所言极是，只有放下那些对我们没有帮助的心理负担，才能轻装上路，走得更快、更远。

昭君出塞时，正是因为卸下了心里的包袱，放下汉宫的安逸与奢华，而主动请求出塞和亲。一路上，尽管黄沙漫漫，满目萧瑟，荒原何惧？沙海何惧？溯风何惧？再大的沙尘也阻挡不住昭君的脚步。此时，她的心早已没有任何惧怕和负担，心也早已迎向大漠。最终青史永留。

每个人的一生，都会有挫折、痛苦、寂寞、眼泪相伴，正是经历了这些，我们的生命才得以升华，才会成长，人生才更丰富。要知道工作是永远做不完也无法达到完美的，目标也永远没有尽头，鸟翼承载重量就无法飞远。

　　一个人之所以会感到快乐，并不是因为他拥有的多，而是因为他计较得少。我们只有减去名利贪婪，才能使人生的步伐更加坦然，更加轻快；属于自己的，要努力争取，不属于的，也绝不强求。

　　在世事的烦琐中，我们要怀着豁达的心态，适时地给自己的人生做些减法，迈着轻盈的脚步走在没有疲倦的人生旅途中，轻松、从容地欣赏沿途的风景，你会发现减法人生并不意味着失去，而是更大的收获，收获快乐和满足的一种方法，减法人生就是一种生活态度，有可能是另一种方式的成全。

　　一位女青年坐在高速行驶的汽车上，她的座位正好在窗口旁边，正心满意足地把玩着刚刚买到的一双喜爱的鞋子。可是一不小心，鞋子从窗口弄掉了一只，前后坐的人都劝她要求司机停车，捡回那只鞋子。

　　女青年没有说话，反而把第二只鞋也从窗口扔了下去。这一举动令大家很吃惊，女青年这才解释道："汽车速度这么快不能随便停车。不管这一只鞋我多么喜欢，价格多么昂贵，但对我而言都没用了，这样一来，我下车以后赶路也更加轻松。"

　　女青年做出了一个明智的选择，丢掉对自己毫无意义的另一只鞋子，才能更快更轻松地上路。生活中，我们要学会使用"减法"哲学，减去疲惫、减轻烦恼、减去心灵上的沉重负担。放下，是一条解脱之道！学会放下，生活过得简简单单，你会发现，其实快乐是无处不在的！

在现实生活中，很多人因为放不下钱财，有人费尽心思，结果作茧自缚；因为放不下对权力的占有欲，有些人热衷于溜须拍马、行贿受贿，不惜丢掉人格的尊严……

有人说："人活一辈子，就是转一个圈，最后又回到原点。"既然这样，新时代的女性们为何不轻松一点呢。学会放弃一些东西吧，也许放弃过后是更多的美丽；只有我们轻轻卸下心中的包袱，亮出一颗轻盈的心，让沉重的步伐变得轻松愉悦，让阴郁的心情变得明朗，让生命不再那么沉重。

当然，卸下包袱不等于放弃追求，谁会认为追求幸福是一种负担？卸下包袱的真正思想意义，即是：活得洒脱、活得轻松、活得快乐，拥抱幸福生活，让心湖更加安澜谧静，尽享人世繁华。

不受物役，不为名所累

现代社会中，很少女人为了实现自身的价值而去做一些自己喜欢的事情，大多数女人的努力与拼搏不是为了名气地位就是物质利益，可以说，这个世界真的就成了一个名利场。

其实生活里有很多东西是不必要的，有许多交往是无须的，衣食住行里的无穷无尽的攀比是可以就此打住的，女人完全可以以最恰当的方式，心平气和地做必要的事情，从而给自己的生命腾出闲暇和空间，以那种特有的悠然和从容去打量生活和生活周围的人和事，并以单纯、简明、朴素的方法去眷顾你的来路，寻一个恰当的归途。

有这样一个笑话，有一个人想在墙上挂一幅画，赶快找来锤子、钉子，一钉，谁知墙上却吃不住这个钉子。这时，有一个人告诉他，不如在墙上先打个小木板，然后把钉在木板上面，这样一来，钉子自然就够牢了。

于是，他放下钉子找木头，找着以后，又感觉木头太大了不适合。直到找一个觉得合适的木板，再去找斧子，找着后，觉得斧子好像也不行，得锯；又去找锯，找到锯子以后，发现锯子少了个手柄，又去找手柄；就这样一轮一轮地，等到他把所有的东西都凑齐了以后，忘记自己今天要干什么了。

看了这个笑话，我们不禁会问自己：一味低头追逐名利的我们是否已经迷失了自我，忘记自己的初衷。人生的许多恶其实肇始于欲望，生活里无端的攀比和无尽的计较，极容易在反复比照中折磨人，听到满世界喋喋不休抱怨的声音，往往不由自主，自我膨胀，意乱神迷，危机四伏。一些念头从心头一闪，恶便有寄生之缘，在那些阴晦的地方潜滋暗长。我凭什么比他差？凭什么就这么点工资？凭什么住这样的房子？凭什么没有小车？凭什么……

这个世道不可能完全公平，个体的人是微弱，暂时也无法改变的。爱抱怨和计较的女人们，应该把名利看淡一些。孔子曾盛赞自己的得意门生颜回，"贤哉回也！一箪食，一瓢饮，在陋巷。人不堪其忧，回也不改其乐。贤哉回也！"物质生活如此清苦，颜回却能以苦为乐，不为外界纷繁的现象所左右，保持一颗安贫乐道的心。

名利是一个社会的产物，如果离开了社会，根本就没有这个名利的问题。爱比克泰德说："努力从他人那里获得能从他自己身上获得的东西是愚蠢，而且是多余的。"不受物役，心智敞开，形为心役，而非心为形役。珍惜自己曾经有过的经历和经验，珍视自己拥有的东西，不要过于奢望自己没有的东西，特别是非自己力所能及的东西。万事万物都是瞬息即逝，个人是多么渺小，而让我们烦恼不安的观念其实都是一些可以改变的意见。

在一条老街上有一位老铁匠。由于很少有人使用打制的铁器，他也顺应市场改卖铁锅、斧头和拴宠物的链子．

老铁匠的经营方式与从前一样——坐等客人上门，不宣传，不促销。人坐在门内，货物摆在门外，不吆喝，不还价，每天按时准点收摊。人们无论什么时候从这儿经过，都会看到他在长椅上躺着，手里是一个破旧的收音机，身旁是一把紫砂壶。

就这样，生意不好也坏。每天的营业收入刚好够他日常开销。年纪大了，他觉得自己不需要多余的东西，因此他非常满足。这种平淡的日子直到发生一件事被打乱。

这天，一个文物商路过老街，意外看到老铁匠身旁的那把紫砂壶，那把壶看起来古朴雅致，紫黑如墨，有清代制壶名家戴振公的风格。于是，文物商走过去，顺手端起那把壶。

壶嘴内有一记印章，果然是戴振公的。商人惊喜不已，随即承诺以 10 万元的价格买下它。老铁匠听到 10 万元这个数字先是一惊，后又拒绝了，因为这把壶是他爷爷留下的，他们祖孙三代打铁时都喝这把壶里的水。

壶虽没卖，但商人走后，老铁匠有生以来第一次失眠了。他转不过神来：这把壶他用了近 60 年，并且一直以为是把普普通通的壶，现在竟有人要以 10 万元的价格买下它。

这之前，他都是躺在椅子上喝水，随手把壶放到身边的桌子上，闭目养神。现在他却一眼不眨地盯着它，尽管他的眼睛非常不舒服。

而且让他无法忍受的是，当人们得知他有一个价值不菲的茶壶后，蜂拥而至，纷纷要求观看，还有人来询问多少钱愿意卖？甚至还有人在天黑的时候闯入门，试图偷走这把壶。他的生活被彻底打乱了，他不知该怎样处置这把壶。

当那位商人带着20万元现金第二次登门的时候，老铁匠再也坐不住了。他招来左右店铺的人和前后的邻居，拿起一把斧头，当众把那把紫砂壶砸了个粉碎。据说，老铁匠还在卖铁锅、斧头和拴小狗的链子，据说他已经100多岁了。

老铁匠看似愚蠢地砸了一个价格连城的壶，其实他是明智的，换来了后半生宁静的生活。真正做到了不受物役，不为名所累。经济社会在追求效率和速度的同时，使我们的内心变得越来越浮躁、不安。

内心的声音一旦在这种繁忙与喧嚣中被淹没了。物的欲望在慢慢吞噬人的性灵和光彩，我们留给自己的内心空间被压榨到最小，我们狭隘到已没有"风物长宜放眼量"的胸怀和眼光。甚至开始患上种种千奇百怪的心理疾病，我们与其去求医，去问诊，不如在内心保持一份淡定。

因此，现代女性要想活得淡定，就需要不断地为心灵除尘，自省、自责、自悟、自重……擦净心灵，即是一种自我重塑，也是一种品德纯化，既是对从前的一种跨越，也是不可缺少的一种追求。

学会乐生，寄明月于心

经济的飞速发展，社会的两极分化却加剧。在普通家庭中的女性，在职场决策、支撑家庭中扮演越来越重要的角色，所承担的责任也越来越重。因此，女性的幸福感继续被压缩。

日前，据一项在全国范围内关于城市女性生活质量调查结果公布表明，城市女性对自身生活质量的幸福指数在降低。调查结果表明：在表示自己生活幸福的人群中，64% 的人称自己喜欢和配偶、朋友、家人在一起，50% 的人认为阳光和爱人的吻让生活"与众不同"，而较少有人提到金钱使他们感受到幸福。

可见，金钱是生活的必需，但不是幸福的全部。女人要懂得取悦自己，热爱生活。都市女性要学会乐生，寄日月于心。人生苦短，我们不能任由烦恼淹没快乐，不能一生都活在与烦恼的牵缠中。心是烦恼的根源，亦是快乐的根源，我们完全可以学会操纵自己的心，让它向着有阳光、有灯光的一面，只要心明净了，就会快乐起来。

崔永元在做访谈节目时谈到为什么人们总是感觉自己不幸福的问题，崔永元指出，如果看收入数字，收入肯定是比以前高了，但为什么大家并不觉得自己挣得更多了？这是因为我们挣钱的增长幅度赶不上物价的增长，所以很难在钱这方面找到幸福感。

乐生是属于精神层面的，是一种心态，与物质没有多大关系，物质富裕的人不一定乐生，而贫穷的人也不一定不乐生，如果你能热爱生活、博爱众生，放一轮明月在心中，那么，面对任何苦难便都能从容面对，苦中掘乐。

腾讯女性频道有则关于"今年最幸福的事"的调查，其中有一位 80 后女士认为辞职是自己最幸福的事情。这位女士这样说：

"辞职是我今年最幸福的事，确切地说，是辞职得到了家人的支持。我本来在做一份让旁人都感觉很光鲜的职业，职位不错，薪水也不错，自己也喜欢，但是因为自己不能抗拒的事情，在这个职位上的工作压力越来越大，在坚持了很久以后，依然不能调解，只有选择放弃。

"从有想法，到最终辞职，经历了大约半年，这半年对我而言是压力巨大的：既要体会放弃一份不错职业的遗憾，又要在不想做了以后耐着性子做完自己应该做的。正是在这个时间段内，我得到了家人的大力支持。

"从来对我要求严格，几近严肃的父母，拿出最多的是温柔。即使按照他们那个年代的人的观点来看，像我现在这样辞职，就是非常不明智地中断自己看似不错的职业生涯，即使他们真的不能理解我的压力，但是他们依然对我说：'如果你真的不开心，不能坚持，就不做了。'

"在辞职之后，我想寻找一种的闲适生活方式，可以没有丰富的物质来源，只要能维持日常生活，我宁愿生活得轻松快乐一些。"

并不是生活环境好，工作待遇好就会幸福，真正的幸福感根治于内心，是一种对生活和自身的满足。正在都市中忙碌的女人们，你也许可以换个角度思考，客观调整自己。如果你不幸福，那就勇敢去追求幸福吧。

生活中，无数人的口头禅是"我忙啊"，没时间回家看看，没时间与好友聚会，没时间慢慢恋爱，忙得无心，忙得无情，甚至忙得忘了自己为什么而忙。

当我们从一生下来就被父母教以各种谋生的本领，想想小时候学走路摔倒，父母一定会告诉我们要坚强，要自己爬起来，这已开始在训练我们的生活能力，而后，不停地读书学习，学各种各样的知识技艺，领悟各种人生道理，这是在为日后的谋生准备。

工作后，努力地适应社会，不断进取、忍耐、承受身不由己的各种事情。当我们足以挑起各种角色所赋予的责任时，我们就真正被推到谋生的角场之中了。这是一种理所当然的人生义务，每个人都必须去履行，所以，不要怨恨和拒绝这一切，这是你应该做的。

人的一生，烦恼总是如影随形。无论如何，"乐生"都是一个愉快的词语，淡定女人就应该学会乐生，而不仅仅是谋生。女人要爱自己，爱生活，我们必须清楚自己的所作所为，然后放慢脚步。

我们一生中，总是在赶时间，很少有机会静下心与朋友进行心灵的交流，我们变得越来越孤独；因为忙碌，我们只知根据温度高低来添减衣服，却忽略了四季的更替，就这样不知不觉地过了一年又一年；因为我们忙得没有时间注意身边的一切变化，甚至连身体有病的早期征兆都觉察不出来……甚至忙得忘了生活的本来意义和应感受到的幸福。

时间飞快地从我们身边溜走，开始我们总认为这样紧张忙碌是有价值的，结果我们最终两手空空地走向时光的尽头。

生活是由一件件琐碎之事连缀而成的，在这根线上的点点滴滴会融会成幸福的纽扣。细品着细琐的点点滴滴，你会觉得生活是丰富多彩的。一个小小的举动、一句暖暖的话语，足以触及幸福生活的内涵和秘密。

放慢脚步，去关注生活中的一些琐碎的细节，有时候其本身就是一种幸福。给恋人一句甜言蜜语，给家人一个电话，给周围的人一个微笑……幸福，并非总是突如其来的重大事件，如中彩票一样，它其实更多地存在于点滴之中，存在于构成我们日常生活的每个细节中。

挣扎在职场中奋力拼搏的女人们，我们不能为忙碌而忙碌，而遗忘了生命旅途中的种种风景和美好。请放慢你的脚步，尽情地享受人生的精彩和美好的生活吧！只有享受生活才是帮助我们充实人生，让我们的人生充满活力，更丰富多彩。

成之泰然，失之淡然

人的一生，得意与失意相生相随、相辅相成，没有得意就没有失意，没有失意何来得意？淡定的女人不在意得失，无论是高潮还是低谷，总能让自己的生活有条不紊，工作兢兢业业。身为一个现代女性，更要以"成之欣然、失之淡然"的心态面对人生，从而在生活中怡情养性，在工作中从容恬雅。

人的一生不可能平坦如意，成则欣然，失之淡然的女人，不管遇到什么困难、挫折、意外，从不悲观，从不灰心，从不失志，总是坦坦然然，快快乐乐地历经人生的里程。反而能顽强地在逆境中迈进，另辟蹊径。

人生的境遇并没有绝对的好坏之别，而常人眼里之所以有顺逆、褒贬等种种色彩，是缘于内心的主观感受。境由心生，一切唯心造。我们应当不逃避，不强求，任由世事变迁，宠辱皆不惊，以一颗恬然、淡定的心，泰然处之。

很久很久以前，在一座古老的山上一座在破旧的庙，庙里面住着师徒四人。三个弟子跟着师父修行。这天，师父为考验弟子们的修行功夫，对三个弟子说："你们都随我来。"三相弟子相继随师父来到庙门口，并按师父的要求依次站在两棵树前。

这是两棵不知道长了多少年的老树了，其中一棵还不到到秋天枝干就枯瘪了，叶子也凋零得所剩无几，似乎快要死了。另一棵则郁郁葱葱，深绿的叶子像涂了层蜡似的，在阳光下泛着耀眼的光泽，一副欣欣向荣的样子。

接着，师父提出问题："你们三个都发表一下自己的看法，在这两棵树之中是枯的好还是荣的好？"

大弟子抢先回答："荣的好，因为它有着旺盛的生命力！"

师父听完没有说话。

二弟子接着说："枯的好，因为它干枯的身体可以用来制作各种家具！"

师父又摇了摇头。

谁知那最小的弟子沉思片刻，却不急不缓地说："枯也随它，荣也随它……"

老师父这才露出了赞许的一笑。

树是这样，人生也是如此。诗曰："春有百花秋有月，夏有凉风冬有雪。若无闲事挂心头，人间处处好时节。"人生的旅途，总是蜿蜒曲折坎坷不平的，当厄运袭来的时候，最要紧的是要有宽广的胸怀，用笑脸去面对现实，用微笑去对待生活。成功时做到不轻狂。

曾子说:"知止而后能定,定而后能静,静而后能安,安而后能虑,虑而后能得。"其实,淡然放下是积极向上的人生态度,是人生更高的境界。我们在得意或者失意时,切莫大意;痛苦或者绝望时,切莫泄气;成功或者失败时,切莫止境。

回归田园的陶渊明是恬淡的,他采菊东篱下,悠然见南山,躬耕田野,戴月荷锄,抛却了公牍之劳,不为五斗米折腰,在自由自在中度过自己的恬静人生。一代名相诸葛亮,虽然满腹才华,但他淡泊明志,宁静致远;不倨傲,不贪功,不专权,被人尊敬有加。千百年来一直被人们视为智慧的化身效仿的榜样。

人生就像一场盛宴。平淡是本色,泰然是历程,淡然视角,信念是它的旗帜,能坚持淡然的人,不因岁月的流逝而变得焦躁,不受世俗的污染而丧失本真。能够淡然处之的女人,不因物欲得失而变得焦虑,不受世风的侵袭而背离轨道;历尽人生的磨难,仍对未来寄予厚望;饱经世事的风霜,仍对生活投以热忱。

得意时,女人需要提醒自己,不忘形,不得志骄横;失意时,不变形,宜泰然,不要悲观失望。得意和自负时,需要的是淡然,给自己留一条退路;失意和没落时,需要的是泰然,给自己觅一条出路。

一个圆环身上丢失去了一个零件,因为缺少这个零件,它的滚动非常缓慢。为了能够像以前一样快速地旋转,它决定去寻找这个部件。在寻找的途中,由于它行走得非常缓慢,一路上它才有机会欣赏沿途的鲜花,它不仅与阳光对话,和蝴蝶伴唱,遇到一起行走在地上的小虫还可以聊聊天……

而这一切是它在完整无缺、快速滚动时无法注意、没能享受到的。但当它找到那个部件后，因为滚得太快，它失去了所有的朋友，不能从容欣赏花，也没有机会聊天，一切都变得稍纵即逝。圆环才这明白，得到这个部件虽然旋转的速度加快，但再没了失去这个部件时的乐趣。

"花开花落总有时"，尘世间的一切都有它的所得和它的所失。要做一个"成则泰然，失则淡然"的女人，就必须做到在成功时不狂妄浮躁，绝望时，不可失魂落魄，不能意气用事。只有用平常心淡然处世，方能举重若轻。

生活对人是平等的，在你得到美貌的同时，你也许将失去与之成正比的智慧；在你得到快乐的同时，痛苦也许正在虎视眈眈地盯着你。淡然处世，是对人生的宽容。绚烂至极归于平淡，不是平庸之平，而是素净质朴、宁静深沉，是深邃的执着，是内心的祥和，是深入的淡定，是人生境界的极致。

"仁者乐山山如画，智者乐水水无涯"。从容、淡定的女人可以把自己的生活安排如此诗意：在细雨朦胧中漫步在小石桥上；在春风荡漾中划动小竹筏；她们不为俗世所诱惑，而独守着明月翩翩起舞。这才是真正的历练，一种经过生活漂染、岁月过滤后的释然而洒脱的至尊。

第三章

质若幽兰，淡在岁月之外的优雅

优雅是永不褪色的美丽

人们往往对举止粗鲁、不讲文明的女人嗤之以鼻，即使这种女人腰缠万贯，也没有人愿意把她们当上宾看待。但优雅的女人则不同，即使她们没有钱，即使她们没有什么名声地位，就凭她们的优雅举止，便足以赢得人们的尊重。

优雅，是一个女人修养、内涵的外在表现，优雅的女人在一举手、一投足之间，都会使人觉得恰到好处，很有分寸。确实，要做到这点，没有智慧，没有修养那是无法想象的。女人可以不漂亮，但不能不优雅。

戴尔·卡耐基对一位女士说："你的粗俗将会毁了你的幸福。

我要告诉你的是，只有举止优雅的女人，才会赢得男人的尊重和爱。"2003 年基什内尔就任总统后，克里斯蒂娜也以张扬的个性，获得了较高的政治声誉。然而，与多数政坛女强人的硬朗外表不同，克里斯蒂娜向来衣着时髦、举止优雅，吸引了大片镁光。

依莎贝尔·普瑞斯勒，女，1951 年 2 月 18 日出生于菲律宾首都马尼拉 (Manila)，父亲是西班牙人。依莎贝尔在家中六个孩子中排行老三。18 岁被送往西班牙马德里叔叔家，并在玛丽 - 瓦德大学求学。后来进入模特行业，曾在 20 世纪 70 年代风靡拉美和欧洲。

18 岁那年，父母将她送到西班牙马德里 (Madrid) 的亲戚家，准备就读 MaryWard 大学。 在那里待了长达十四年，直到她碰到了胡里奥。

1971 年两人步入礼堂，过着幸福的生活，并育有三个孩子，其中一位即是知名拉丁歌手安立奎。但随着胡里奥走红、事业变大，聚少离多的生活以及流言的出现，1978 年，安立奎三岁的时候，依莎贝尔决定与胡里奥离婚。

离婚后的伊莎贝尔，陆续又和西班牙贵族 Carlos Falco、前西班牙财政部长 Miguel Boyer 相恋，分别维持了七年、十年的婚姻，并各生一个女儿。伊莎贝尔共育有五名小孩，尽管如此，她的身材依然窈窕。

今年已经 61 岁的伊莎贝尔 - 普瑞斯勒 (Isabel Preysler)，2007 年曾被评为全西班牙最优雅的女人登上最火的杂志封面。

这位 1951 年 2 月 18 日出生于菲律宾的模特儿，嫁给拉丁情歌王子胡里奥，并生下西班牙情歌王子安立奎。

今年已经 61 岁的伊莎贝尔 - 普瑞斯勒 (Isabel Preysler)，2007 年 1 月被评为全西班牙最优雅的女人，登上最火的杂志封面。有媒体以"西班牙最优雅的女人，60岁老太性感宛若少女"为题来描述伊莎贝尔的优雅。这位年长小甜甜布兰妮30岁的女人，连小甜甜见到她，都会带着几分妒忌止不住连连尖叫。

对于美丽，伊莎贝尔说："我从来不掩饰自己的年龄，因为每一个年龄段都有不同的风采，努力让自己看起来年轻毫无意义。"她认为自己不是很懂人情世故的女人，只是努力让自己的生活顺其自然，尽力让自己看起来更优雅。

人们常说，做女人就要有女人味，要优雅。如果一个女人举手投足都男性味道十足，言辞粗俗，她即使长得再漂亮都不会让人产生美的感觉。伊莎贝尔让我们深刻地感受到了女人一定要坚持不懈地追求优雅，否则即使她再有名有利，再怎么美艳动人，都让人看着不舒服。

优雅，是女人的必修的成功课，是女性魅力的最高境界，是女人走向世界的性别资本。我们不妨用拆字法对"优雅"这个词进行细致的分析，所谓的"优"指的是一个人内在的品质、涵养、气度、心态所具有的完美状态，而"雅"则是内心所处的完美状态的外化，是优雅的举止、文雅的谈吐和高雅的形象。优雅实际上是内在和外在完美结合的产物，是一种内外交融的神韵之美。

优雅是女人的魅力武器，是女人征服世界的百变资本。善于运用优雅的女人，总能比阳刚味道十足的"女强人"更容易成功。在此，我们不得不提到埃及艳后克里欧佩特拉，她就是一个完全依靠性别魅力攀上权力顶峰的优雅女人。

现在考古发现埃及艳后并不十分漂亮，甚至可以说是普通面貌，可是她仍然先后让罗马的两个英雄——恺撒和安东尼拜倒在自己的石榴裙下。不但如此，在她还是一个小姑娘的时候，恺撒和庞培的儿子就先后拜倒在她的石榴裙下。这一切都源于她过人的优雅。

克里欧佩特拉见恺撒的场面很生动：一个背着一包毯子的人被带到恺撒面前："先生，我这货物是您从来没看见过的。"他小心翼翼地把背包放在地上，轻轻打开。看到恺撒面带惊异，她微笑了，"先生，我说得没错吧？"

可是恺撒却说不出话来，因为从那堆挂毯中跨步而出的是艳丽超群的埃及公主。

公主红发披肩，笑意迎人，体态柔软，举止活泼。

面对这个芳香可人的埃及公主，恺撒如钢铁一般的意志被击溃了。18岁的埃及公主嫁给了年近半百的恺撒，从此埃及公主变成了埃及艳后。

后来恺撒兵败，她又用特别的方式征服了罗马的另一个统帅安东尼。

风光旖旎的尼罗河上，装饰极为华美的画舫，上面倚着一位绝代佳人，她就是埃及艳后，清风拂面，使她的脸庞变得格外绯红……从这画舫之上散出一股奇妙扑鼻的芳香，让叱咤风云、骁勇善战的安东尼春心浮动。

安东尼遣人请她下船相见。不料，女王反而传话让他到自己的御船上来。这对于征服者来说无疑是一种公开的挑战。安东尼对这种出人意料的抗拒感到惊奇。他不由自主地上了船，走到风姿绰约、典雅娴静的女王身旁。丘比特的爱箭，一下射中了这位高傲自负的男人。

有一次他们一起去钓鱼，安东尼钓了半天，一条鱼都没有上钩，于是他命令仆人潜水下去，在自己的鱼钩上挂上活鱼。克里欧佩特拉看到安东尼接二连三地收竿，一眼就看出了问题，可是她不动声色，悄悄命令自己的仆人拿一条咸鱼挂在安东尼的鱼钩上。安东尼拉上一看，周围的人哄然大笑。克里欧佩特拉说："大将军啊，把钓竿交给渔夫吧，你应该钓的是王国、土地和城市。"

看看她的行为、言谈多么优雅而又吸引人啊。每一位女人都要为自己的生命，去除粗俗的杂草，让优雅的性情得以滋生，做个优雅一生的女人，还自己以女人本色，这样你才能够魅力永存，芳香四溢！

把自信当外套，做优雅的自己

对美的追求是永远是女人的天性。无论为悦己者，还是为了自己的绽放。现代女性总是不知疲倦地奔走在完美的路途上，她们努力寻找各种各样的方式来修复自身某些瑕疵或者不满意的部位。这些盲目追逐美的女人却不知道，优雅才是女人最美的外衣，是一种永不褪色的美丽。

女人的优雅是娴静之美，润物细无声，若隐若现的美。那一瞥一笑，是万绿丛中一点红，动人春色不须多的优雅。女人话要少、妆要淡、笑容可掬、爱执着、赏心而又悦目。常能让人感觉不出她真实的年龄。优雅是女人最美丽的衣裳，穿上它，再普通的女人也会神采奕奕。

著名作家毕淑敏女士曾说过：我不美丽，但我拥有自信。的确，自信原本就是一种美，一种持久的美。天生丽质，拥有花容月貌般的女人固然很漂亮，但缺少了自信、优雅、从容、淡定的漂亮，未必是美丽的。

让我们做一个自信的女人，每天清晨与阳光同时出现，肩上洒满阳光，步履轻盈，精神焕发，昂首挺胸，神采奕奕，信心十足地投入到生活和工作中去。古今中外，无数仁人志士拥有自信，推崇自信，从而抵达成功。

爱因斯坦这个名字似乎就代表着一个世纪科学成就巅峰的标志，其中这与他拥有着无与伦比的自信心是密不可分的。在相对论发表后的一段时间里，很多都提出了质疑，他遭遇到前所未有的批评、攻击和谩骂，甚至有人还用极具"创新意识"的手段，挖空心思地炮制了一本看上去论据确凿的书，书名叫《百人驳相对论》。

对这一系的打击和责骂，爱因斯坦却从来没有对自己的学说产生丝毫的怀疑，对于，他曾这样说："假如我的理论是错误的，一个人反驳就足够了。一百个零加起来还是零。"事实证明，爱因斯坦是正确的。相对论提出是物理学领域的一次重大革命，推动物理学发展到一个新的高度。

一位法国物理学家曾经这样评价爱因斯坦："在我们这一时代的物理学家中，爱因斯坦将位于最前列，他现在是、将来也还是人类宇宙中最有光辉的巨星之一。"

的确，对于代表虚无和空洞的零来说，即使一千个、一万个又有多大意义呢？而唯有真正的自信，永远有着绿树常青的生命力。

一个女人一旦拥有了自信就会拥有美丽，就会拥有"呼之即来，挥之则去"的洒脱，也更拥有了"点滴滴，入心底"的从容。因此，从某种意义上来说，拥有自信却比拥有美丽重要得多，因为自信可以随着日月的递进而历久弥新，而美丽却不能，所以，自信女人的一颦一笑所散发出成熟的馨香，是一种耐品耐读的美。

高尔基也指出："只有满怀自信的人才能在任何地方把自信沉浸在生活中，实现自己的意志。"因此，自信是很多奇迹的萌发点。玫琳凯就是一个拥抱自信，用乐观的心态开拓了自己的美丽事业。

玫琳凯化妆品公司创始人玫琳凯·艾施女士，她的一生可谓是多灾多难，她的创业史也是一部辛酸的眼泪史，可是那些困难并没有把她打垮；相反，人们从她的身上里看到了自信的笑容，看到对生活永不磨灭的热情。

1918年，玫琳凯·艾施出生在美国休斯敦，高中毕业后就和罗杰斯结婚了。3年后，丈夫却抛弃了她，这位年轻的母亲不得不独自带着3个孩子开始了艰辛的生活。这是她人生的最低谷，带给了她无尽的自卑、痛苦和眼泪，还有因伤心而带来的一身病痛。

当时，玫琳凯前去医院看病。医生说诊断说她患了风湿性关节炎，甚至很快就会完全瘫痪。可是为了抚养3个嗷嗷待哺的孩子，她还是擦掉眼泪坚强地面对生活，她相信生命不会如此不公地对待自己，噩运总会离去，阳光迟早会降临。

为了维持生计，她找了一份销售员的工作，无论多累多苦，她都相信自己不会被病痛打倒，她相信自己一定能度过低谷。于是，她在工作的时候总是微笑着服务，保持着最好的状态。奇迹出现了，自信居然治好了她的关节炎！她曾自嘲地说："原来上帝是喜欢积极的生活态度。"

1963年，已经45岁的玫琳凯依然相信自己的生命会有奇迹出现，生活可以更美好。于是，她愤然辞职和小儿子用尽了所有积蓄，成立了玫琳凯化品公司。可是在公司开张之前，玫琳凯的第二任丈夫因肺癌离世，这对玫琳凯来说，又是一次沉重的打击。痛定思痛，她擦去眼泪对悲伤的儿子说："哭是没有用的，相信自己可以成功，不要放弃！"

玫琳凯做到了，公司安然渡过了创业困境，并且很快成长为美国一家颇有名气的企业，到现在玫琳凯已经走出美国，走向了世界。而玫琳凯女士也成为成功女性的典范。

玫琳凯自信绝不同于自以为是和孤芳自赏。自信是一种冷静的态度和客观的自我评价；永远是一种积极进取和准确的自我定位；自信是一种巨大的力量和遭遇困难永不低头的精神。那种顽固不化、固执己见的自以为是和孤芳自赏，是多少头力大无穷的牛也拉不回来的悲哀。

每个人的生活都会充满坎坷，有时甚至是让人难以承受的灾难。相信未来，相信自己，相信在下一次的尝试中自己会做得更好。玫琳凯用她的经历告诉我们，无论发生了什么事情，都要笑着活下去。财富时代，女人不是弱者，把自信当外套，我们也可以像男人一样活出精彩，做最优雅的自己。

生活中的我们的条件未必会比玫琳凯的境遇更糟糕，但是却难拥有的是和她一样的心境，面对困境，磨难，依旧相信美好，相信今后会比以前更好。一个人的一生都不是一帆风顺的，如果没有信心，如何才能快乐、幸福地的生活呢？

自信的女人，热爱生活，热爱事业，热爱家庭，沉稳干练，思维敏捷，内心丰富，高贵典雅，沉着大方，个性充满无限魅力，她们的脸上永远透着自信的光芒，自信的女人活得很精彩！因此，面对人生路途上的坎坷或是挑战，让我们勇敢地相信自己，拥有自信，走向成功的彼岸。

腹有诗书气自华

一个人喜欢读书的女人，读得多了，自然会学识丰富，见识广博。这样的人不需要刻意装扮，就会由内而外产生出一种非凡的气质，相反，如果没有内涵的话，不管怎么打扮，言行举止都不会显出优雅的气质。

书就像一把金钥匙，帮助女人开阔视野，净化心灵，充实头脑。书让女人变得聪慧，变得坚韧，变得成熟，使女人懂得包装外表固然重要，但更重要的是心灵的滋润。读些好书，会让女人保持永恒的美丽。

爱读书的女人，不管走到哪里都是一道风景。也许她貌不惊人，但她的美丽却是骨子里透出来的，她谈吐不俗，仪态大方。那是静的凝重，动的优雅；是坐的端庄，行的洒脱；是天然的质朴与含蓄的交融。爱读书的女人，她的美，不是鲜花，不是美酒，她只是一杯散发着幽幽香气的淡淡清茶。

一个正在读书的女人，能给人以无限的美感。因为读书会使她产生一种情调，一种超越了形体的持久的妆容，一种不会被衰老所剥夺的美丽。读书为女人的美丽增添了厚重的文化底蕴和质感。这种美丽乃是女人灵魂的美。灵魂之美要远远高于一副无可挑剔的好容貌。

没有了灵魂的空间，没有了思想的闪现，无可挑剔的容貌也是黯淡的。

纳兰性德是清代最为著名的词人之一。他的诗词不但在清代词坛享有很高的声誉，在整个中国文学史上，也以"纳兰词"在词坛占有光彩夺目的一席之地。

纳兰性德因生于腊月，小时称冬郎，自幼天资聪颖，读书过目不忘，数岁时即习骑射，17岁入太学读书，为国子监祭酒徐文元赏识，推荐给其兄内阁学士、礼部侍郎徐乾学。纳兰性德18岁参加顺天府乡试，考中举人。19岁准备参加会试，但因病没能参加殿试。

尔后数年中他更发奋研读，并拜徐乾学为师。在名师的指导下，他在两年中，主持编纂了一部1792卷编的儒学汇编——《通志堂经解》，受到皇上的赏识，也为今后发展打下了基础。他又把搜读经史过程中的见闻和学友传述记录整理成文，用三四年时间，编成四卷集《渌水亭杂识》，其中包含历史、地理、天文、历算、佛学、音乐、文学、考证等方面知识，表现出了他相当广博的学识基础和各方面的意趣爱好。

纳兰性德22岁时，再次参加进士考试，以优异成绩考中二甲第七名。康熙皇帝授他三等侍卫的官职，以后升为二等，再升为一等。作为皇帝身边的御前侍卫，以英俊威武的武官身份参与风流斯文的诗文之事。随皇帝南巡北狩，游历四方，奉命参与重要的战略侦察，随皇上唱和诗词，译制著述，因称圣意，多次受到恩赏，是人们羡慕的文武兼备的年少英才，帝王器重的随身近臣，前途无量的达官显贵。

但作为诗文艺术的奇才，他在内心深处厌倦官场庸俗和侍从生活，无心功名利禄。虽"身在高门广厦，常有山泽鱼鸟之思"。他诗文均很出色，尤以词作杰出，著称于世。24 岁时，他把自己的词作编选成集，名为《侧帽集》，后更名为《饮水词》，再后有人将两部词集增遗补缺，共 342 首，编辑一处，名为《纳兰词》。传世的《纳兰词》在当时社会上就享有盛誉，为文人、学士等高度评价，成为那个时代词坛的杰出代表。

纳兰性德虽出身于贵族家庭，但是他："虽履盛处丰，抑然不自多。于世无所芬华，若戚戚于宝贵而以贫贱可安者。"正是因为他饱读诗书，才华横溢。在他的身上，我们看到了一种高洁傲岸，淡泊名利的非凡气度。也正是这个让他的作品流传千古，在无数的心灵中引起共鸣。

"胸藏文墨虚若骨，腹有诗书气自华"。一个人读书多了，身上自然会带一股书卷之气，就会自然而然受书本的影响，言谈举止间流露出读书人所特有的气质，或温雅或脱俗，或不卑不亢，或典雅大方。这种独特的气质，那是浓妆艳抹不来的，是乔装改扮不到的，它是一种思想的净化、精神的升华。

优秀的书籍就像是最好的朋友，最好的老师。在浮华的世界中，打开它们，投入多彩的书中世界，你的心灵将得到最大的滋养。读书，可以让你的心里有一盏明灯，守得住心灵这个宁静的港湾，始终视书籍为精神的伴侣，身居闹市，却能远离红尘的烦琐与喧嚣。

或许美化灵魂有不少途径，但正如一位女作家所说，阅读是其中易走的、不昂贵的、不需求助他人的捷径。阅读，就这样绽放女人的美丽。

爱读书的女人，她们心有琴弦，纵然是独自漫步，也并不寂寞与孤单。有自由的清风邀约一些花香或者白云为伴，有心而识灵魂，有梦而知远方的天空应该有一弯绚丽的彩虹。爱读书的女人，她们生活情趣高尚，很少去叹息、忧郁或无望地孤独、惆怅。因为她们懂得与其长吁短叹，不如把时间和精力用来读书，使自己从"忧郁"的境遇中解脱出来。

爱读书的女人，她们以聪慧的心，宽广质朴的爱，善解人意的修养，将美丽写在心灵上。读书，使她们更潇洒；读书，为她们添风韵。即使不施脂粉，她们也显得神采奕奕、风度翩翩。

毕淑敏说："好书对于女人，是她们招之即来的永远不倦的朋友。"读书，可以让你交上一群高尚的朋友，让自己修炼得更有品位。爱读书的女人，她们拥有从容的心态，能保持年轻的心境，从而对于年华的逝去无所畏惧。她们从不埋怨环境，也不艳羡别人，让心情一天比一天愉快年轻。

做一个爱读书的女人吧！可以让你没有时间唠叨饶舌，没有时间拨弄是非，不会像别的女人那样日渐粗俗。书香是女人最好的化妆品，是有品位的女人生命之外的生命，是她的精神寄托。女人不可以无书。

微笑是女人最美的外衣

微笑是一种做人心态的外在表现，这种魔力不仅能够给日渐枯萎的生命注入新的甘露，也会使你的人生开出幸福的花朵。有位世界名模也曾说过这样一句话："女人出门时若忘了化妆，最好的补救方法便是亮出你的微笑。"

　　一个爱微笑的女人，往往给人以自信、宽容、善良之感，一个内心淡然、生活姿态恬淡的人，才会发出幸福、快乐的笑容。《鲁豫有约》主持人陈鲁豫 就是爱微笑的女人。

　　如果仅仅从外形上来说，陈鲁豫并不属于非常漂亮的，但她那一股清新的书卷气却为她的整个气质增色不少，尤其是她那最自然的微笑，她笑的总是恰到好处，不做作，不夸张。尤其是在做《鲁豫有约》节目时，表现得更加充分。

　　陈鲁豫的笑容会随着与人物的交流而自然地变化，时而注视对方，报以淡淡微笑；聊到纵情处却也开怀大笑，甚至笑出眼泪。陈鲁豫无疑是一个善于微笑的主持人，笑的时机和度量也都非常恰当，因此，收看她的节目会让人感到轻松、自然，节目也如行云流水般顺畅。

　　培根说过，"你的微笑就是你好意的信差，你的笑容能够照亮所有看到它的人。"生活中，一个微笑能温暖失意的人，一个微笑能让眉头紧锁的人愁云散去，一个微笑能够接近彼此的距离，从而多一些愉快、安详和融洽。

　　微笑的后面蕴涵的是坚实的、无可比拟的力量，一种对生活巨大的热忱和信心，一种高格调的真诚与豁达，一种直面人生的智慧与勇气。而且，境由心生，境随心转。我们内心的思想可以改变外在的容貌，同样也可以改变周遭的环境。

　　某个夏天的傍晚，突然降了一阵大雨。人们似乎都不欢迎雨的到来，明明是一个大晴天，突然变了天，也许家中还有没来得及收的衣服。总之，人们比往日更匆忙往家的赶。公车更是站满了人。

一辆正在行驶的公车中，每个人都有些漠然。车厢里又闷又挤，没有人大声说话，车厢里的气氛和空气一样沉闷。这时，一个被母亲抱在怀里的小男孩突然伸出小手，向后座的一位时髦女郎抓了去，一下子就抓住了她的披肩卷发。

就在大家都以为这个时尚女郎会愤怒地扯开小孩的手。让人出乎意料的是，这个女孩非但没有生气，而且把自己的头凑向孩子，绽开了笑靥。她一边微笑着逗着孩子，一边夸奖起孩子的可爱，孩子的母亲也笑着和她攀谈起来了。

于是，她们的攀谈仿佛激活了本来停滞的气氛，女孩的微笑和孩子爽朗的逗笑声一下把车厢每个人的距离都拉近了，有人也不自禁地微笑起来。因为女孩的微笑，闷热的车厢多了些清新振奋的空气。这就是微笑的魅力。

在一座高速发展的大都市中，人们很容易迷失在快速的生活节奏中。只顾着忙于在商务楼间穿梭，忙于在电脑屏幕前敲击键盘，忙于挣钱、买房、买车，而忽视了微笑。没有了微笑，再美的女人也不过是具冷冰冰的模特，再繁华的城市也只是个大牢笼。

生活是一曲快乐的歌谣，我们要微笑着吟唱。失败了，我们也不沮丧，就当是对未知的一种尝试。每一次的成功，我们就当是幸运的偶然，不去自傲，不去虚荣，从容地面对，接受幸福，接受孤独，也敢于淋浴忧伤。

约翰·内森堡是一名犹太籍的心理学家。他在第二次世界大战虽然幸免于难，却没能逃脱纳粹集中营里的惨无人道的生活折磨。那里只有屠杀和血腥，没有人性、没有尊严。那些持枪的人像野兽一样疯狂地屠戮着，无论是怀孕的母亲，刚刚会跑的儿童，还是年迈的老人。他对这里的一切，一度绝望，产生过自杀的想法。

集中营里，每天都有因此而发疯的。内森堡时刻生活在恐惧中，这种对死的恐惧让他感到一种巨大的精神压力。他知道，如果自己不控制好精神，也难以逃脱精神失常的厄运。

有一次，内森堡随着长长的队伍到集中营的工地上去劳动。一路上，他产生一种幻觉，晚上能不能活着回来？是否能吃上晚餐？他的鞋带断了，能不能找到一根新的？这些幻觉都会让他感到厌倦和不安。

于是，他强迫自己不去想那些倒霉的事，而是刻意幻想自己是在前去演讲的路上，他来到了一间宽敞明亮的教室中，他精神饱满地在发表演讲。

他的脸上慢慢浮现出了笑容。内森堡知道，这是久违的笑容。当他知道自己也会笑的时候，他也就知道了，他不会死在集中营里，他会活着走出去。

后来，当内森堡从集中营中被释放出来时，他精神状态很好。他的朋友不相信，一个人可以在魔窟里保持得如此年轻。

人的容颜总有一天会衰老，人的身材也总会走样，但一个人美好的微笑却永远不会老。

生活中，我们应该微笑着去唱生活的歌谣。把尘封的心胸敞开，让狭隘自私淡去；把自由的心灵放飞，让豁达宽容回归。这样，一个豁然开朗的世界就会在你的眼前层层叠叠打开。蓝天白云，小桥，流水……潇洒快活地一路过去，鲜花的芳香就会在你的鼻翼醉人地萦绕，华丽的彩虹就会在你身边曼妙地起舞。"

其实微笑是最好的美容品，看看那爱笑的女人。无论时间如何改变，容颜多么沧桑，那挂在脸庞上微笑永远摄人心魄，那亲切温柔的笑颜总让人倍感温馨。发自内心的微笑是淡定心灵的外现，也是淡然自若、优雅待人的表露。懂得展现微笑魅力的女人，她的心灵天空将随之晴朗，将会拥有美丽的人生！

第四章

心定，行淡，懂得安静的智慧

于三千世界，智当辗转凌驾于事

女人若只有美丽的外表，不过是个空壳，没有思想的女人，眼神是呆滞的，语言是空洞的，美丽也只是苍白的。有思想的女人，才是最美丽的女人，在她们的身上，到处闪现着睿智的光芒。

有人曾说，智慧是女人一种永恒的哲学，一个女人因拥有智慧而让自己轻盈的气质变得厚重起来，一个女人也因智慧的存在而让自己变得更加引人注目。她们谈吐不俗，气质超人，即使是在人头攒动的旧街陌巷也会显出一种智者的魅力。

智慧使女人更为有简单、纯净的心态审视万物，智慧使女人的情感丰盈与独立，智慧让聪明女人更懂得在得与失之间慧心的平衡，智慧的女人以及强的领悟力对面临的任何事态都能做出从容、明智的抉择。马英九的夫人周美青就是一个睿智的女人。

马英九能一路走来打拼到今天，岛内大部分民众都知道周美青功不可没。从政后，马英九一直很忙，时常加班到深夜才下班，不仅顾不上家务事，连两个女儿的教育重任，也落到周美青肩上。

1974 年 8 月，马英九去美国纽约大学求学时，在机场遇见了同样要去该校念书的周美青。念书期间，两个老乡互相照顾，逐渐擦出火花，并于 1976 年订婚。

当时马英九有意继续攻读哈佛大学法学博士学位，但手头很紧张，为了让马英九完成心愿，周美青放弃了自己的深造计划，到餐厅打工挣钱。

1977 年结婚后，周美青搬进了马英九的宿舍里去照顾他，没有家具，俩人就捡别人扔掉的，经过周美青的布置，简陋的小屋充满温馨。

周美青不仅个性独立，还是典型的贤妻良母。马英九天生一张"明星脸"，因此经常受到女性倾慕者的"骚扰"。

但周美青表现得非常大度，还幽默地说："马英九太有名，全台湾的人都在帮我监视他呢！根本没作案机会。"

翻阅台湾媒体的报道，从年头到年尾几乎很少有周美青的新闻，对记者的围堵，周美青也只会低调地回应一句："辛苦了，谢谢！"尤其惹人注意的是，周美青从不讲排场，也不干涉马英九的公务。

马英九的父亲马鹤凌最为赞赏这个媳妇，他曾说："我儿子将来要从政，这个媳妇绝对不会干政，不会去指指点点公事。"

周美青从美国留学回台后，就投身银行业，在金融财务方面做出不错的成绩。在马英九胜选后岛内传媒疯狂歌颂他的那段时日，周美青继续搭公车、捷运上下班，然而，在传媒记者天天大阵仗跟拍的情况下，她也不得不认真思索是否离开职场的问题。经过权衡，她选择了急流勇退，从兆丰银行办理了退休。

离开职场后不到一个月，周美青出发了，朝她的人生新目标前进！一路上，她去偏僻的学校慰问孩子，为偏远学校提供协助，造访原住民部落等。她在过去一年间一趟又一趟往返于台北及台湾南部、东部，她的行动较诸她丈夫的大选，更具备了深植民心的意义。

对于台北市的情况她也经常提醒马英九，如哪里积水多、哪里景观被破坏等。五年前闹非典期间，马英九曾 42 天睡在办公室，有一天他告诉妻子要回家了，没想到周美青说："你回来干什么，非典未灭，何以家归？"

自马英九从政以来，周美青几乎不介入他的任何公务，不进他的办公室，直到 1998 年他参选台北市市长才第一次公开露面。她以职业女强人的形象过自己的正常生活，塑造了"低调"的公众印象。两次市长选举，她都只在最后一周以亲民、爽利的作风辅选，选后继续退避，与政治划清界限。

过去半个多世纪以来，台北历任市长和市长太太，有人甚至把警察当成自家佣人一样使唤，但周美青和马英九从不做这种事。郭建成说，她连停车位都是自掏腰包租来的，从不使用一丁点特权。

台北木栅区兴隆警察派出所主管郭建成说："派出所距离马英九家不过咫尺之遥。记忆中，马太太向来独来独往，没有安全随扈，也不曾差遣过管区什么事。"

周美青穿着朴素利索，态度诚恳认真，正是这个连一副耳环都不戴的低调女人，赢得了台湾民众的尊重和赞赏，为丈夫的形象加了分。

周美青这位"最不像夫人"的夫人，为何最服人？因为她以自己的智慧赢得了民众的心，树立了当代新女性的典范和标杆。她当然以先生的成就为荣，但从不因此向外炫耀；她虽然具备知识分子的学识和眼界，但从不吝于向弱势付出和捐助。

智慧的女人总是拥有豁达博大的襟怀、积极的心态、从而坦然行走在三千世界，并运筹帷幄。女人的智慧是生命中的梦想，有灵魂的翅膀，并用情趣和快乐赋予它生命。女人就是要将睿智埋于心、置于行，才能演绎自己更加美丽动人的人生。

纤尘不染，方解开天罗地网

生活中，人们总是牵挂得太多，太看重得失，所以情绪才会起伏。有些人习惯被负面情绪牵着鼻子走的人，根本不可能活出洒脱的境界。一个真正淡定的女人，在现实的世界中会抱着一种超然物外、游戏人间的心理看待生活。游戏人间不是玩世不恭，而是让自己的心境轻松，守住做人的本分和原则，从俗事中解脱，不被世事烦琐所累。

不管外面的世界多么喧嚣，但是被任人纷扰包裹的是我们心里的安静，正是我们心里在喧闹，这个世界才在你看来是一个喧闹到无法忍受的世界。正如我们捧着一本书，如果心不静，再好的书也读不进去，更不用说领会其中妙处了。

生活也是如此，只有安静下来，人的心灵和感官才是真正开放的，从而变得敏锐，与世界的万事万物处在一种最佳关系之中。当我们以出世的心做入世的事，不让世俗功利蒙蔽你的心灵，淡然面对得失，坦然接受成败，才能超脱物我，找到生命的真谛。

据说，古代有个皇帝欣然感觉心情烦躁不安，怎么了调节都不行，找了几个御医也没有效果。这时，有人提议，如果皇帝看了一种特别的画，能让心情平静下来。

于是，皇帝提供了一份非常优厚的酬金，以此来激励有人能画出最平静的画，以便自己在心情烦躁时能拿来缓解情绪。许多画家都来尝试。皇帝看完所有的画，只有两幅他最喜欢。

其中一幅画是一个平静的湖，湖面如镜，倒映出周围的群山，上面点缀着如絮的白云。看到此画的大臣们都认为这是一幅描绘平静的最佳图画。

而另外一幅画也有山，但山路看起来是如此崎岖，整个山上又不见丝毫草木，光秃的山，天空是下着大雨，雷电交加。山边翻腾着一道涌起泡沫的瀑布，看来一点都不平静。

可是当皇帝看到第二幅画时，表情非常平静地说："就是这幅了，当我看见瀑布后面有一个小树丛，其中有一个鸟巢。在如此不平静的环境下，这只鸟却鸟平静地坐在它的巢里。人应该更鸟学习。"

最后，皇帝当然选择了后者，奖金给了画这幅画的画家。

内定的安静并不等于生活中也不发生任何起伏，而是在世事纷乱中，心中仍然宁静。当一个人能够做到跳出了世俗生活的局限之中，站在一个"登泰山而小天下"的高度，观看世间百态；他远离了世俗的功利与喧嚣，看淡了个人的成败与得失，过着宛若陶渊明笔下"心远地自偏"的宁静生活。

中国古代历史上，有许多人演绎出了一段段纤尘不染的淡泊心境，却解开了天罗地网的烦扰。唐朝的李泌便是其中之一，他睿智的处世态度充分显现了一位政治家、宗教家的高超智慧。该仕则仕，该隐则隐，无为之为，无可无不可。

在著作《长歌行》中，李泌这样写道："天覆吾，地载吾，天地生吾有意无。不然绝粒升天衢，不然鸣珂游帝都。焉能不贵复不去，空作昂藏一丈夫。一丈夫兮一丈夫，千生气志是良图。请君看取百年事，业就扁舟泛五湖。"通过这几句话，他将内心对名利功绩的感受描绘得淋漓尽致。

李泌一生中曾因种种原因多次离开朝廷。玄宗天宝年间，当时隐居河南嵩山的李泌上书玄宗，议论时政，颇受重视，但却遭到杨国忠的嫉恨。杨随后毁谤李泌以《感遇诗》讽喻朝政，李泌被送往蕲春郡安置，对天，他并没有抱怨朝廷，也没想着报复杨国忠。他索性"潜遁名山，以习隐自适"，大有既来之则安之的意思。

自从肃宗灵武即位起，李泌就一直在肃宗身边，为平叛出谋划策，虽未身担要职，却"权逾宰相"，这下又再次招来了其他权臣猜忌。李泌自然明白自己当时的处境，灾难随时都可能发生。当收复京师后，李泌便功成身退，进衡山修道。

当代宗即位时，便强行将李泌召至京师，任命他为翰林学士，使其破戒入俗，李泌又一次进入朝廷做事。他依旧不拒绝，而是顺其自然地做着分内之事。他自己虽无意与人争名利，却无法阻止别人的想法。

当时的权相元载将其视作朝中潜在的威胁，寻找名目再次将李泌逐出朝廷。逐出的李泌依然享受山野的生活，不留恋曾经的浮华。

后来，元载被诛，李泌又被召回，却再一次受到权臣常衮的排斥，再次离京。建中年间，泾原兵变，身处危难的德宗又把李泌招至身边。

李泌屡蹶屡起的原因，在于其恰当的处世方法和豁达的心态，他已达到了顺应外物、无我无己的境界。当社稷有难时，义不容辞，视为理所当然；在国难平定后，全身而退，没有丝毫留恋。

当我们看透了人生的本质，便不会被繁华遮蔽了双眼，人生不过一杯水，用出世的心做入世的事，便能充分品味水的甘甜。人生最好的境界是安静。内心纤尘不染，方能解开世间的天罗地网。

爱默生曾解释过什么是成功："笑口常开，赢得智者的尊重和孩子的热爱；获得评论家真诚的赞赏，并容忍假朋友的出卖；欣赏美的事物，发掘别人的优点；留给世界一些美好，无论是一位健康的孩子，一个小园地或一个获得改善的社会现状都可以；知道至少一人因你的存在而过得更快乐自在，这就是成功。"

淡定的女人总是心如止水，但是止水并不是死水，所谓静止只是相对的状态。人生往往是宁静里波涛汹涌，那些最平淡的事情里面往往酝酿着最为激烈的革命。一个女人如能做到在宁静中感悟奔腾，已到达心灵的至高境界。

有了这份平淡的处世心态，你就会在简简单单的生活中快乐地生活。当你忙里偷闲与爱人、孩子一同去逛公园、去看电影、去搞野炊时，你会懂得，生活其实有很多内容。我们大可不必为了一个出国名额而彻夜不眠，大可不必为一次职位的晋升而寝食难安。

在平日忙碌而充实的生活中，忙碌便有所收获；你岗位平凡但你乐在其中；你斗室而居，但衣食自足；也许你只是一个普通的女人，普普通通如一棵草；也许你是一个貌不惊人的女人，平平凡凡如一朵花，但你同样可以骄傲，默默绽放的花朵也会芳香宜人！

不随波逐流，闲庭信步品味人生

现代社会快节奏的工作和生活很难使生命保持一种舒缓有律的节奏，就像音乐中的中速与慢板。快节奏、高压力使人常感觉到活着很累，幸福感也会大大降低。但是有这样一种女人却让自己活得很惬意，她们把一切安排得有条不紊，又有情致，享受当下的闲适，品味生活中的美好。

生活节奏加快诚然是事实，但我们并不能被生活困住手脚，自由的心只有飞翔才能更快乐。宠辱不惊，看庭前花开花落；去留无意，望天空云卷云舒。心有多大，世界就有多大，追求心的闲适我们一样可以感受如此生活。

据说有一位行吟诗人，他永远都在路上，居无定所，一生都住在旅馆里。他看完了一个地方的风景，就转向另一个地方。不断地从一个地方到另一个地方。几乎每一天都在各种交通工具和旅馆中度过的。当然这并不是因为他没有能力为自己买一座房子，他一路上观看风景，写下优美的文字，早就出版了几本诗集和专著，并且深受读者的喜欢。他说自己喜欢这种生活的方式，能够让自己感觉得生命的意义。

后来，他年龄越来越大了，政府鉴于他为文化艺术所做的贡献，决定免费为他提供住宅。这在别人看来无疑是天上掉馅饼的一件事，让人意外的是他竟然拒绝了。对此，他说："有房子就有置办东西，有了这些就会成为我的牵挂。我不想为了一个固定的住所而束缚了自己的内心。"就这样，这位特立独行的行吟诗人，在旅馆和路途中度过了自己的一生。

他死后，朋友为他整理遗物时发现，他一生的物质财富就是一个简单的行囊，行囊只有用来写作的纸笔和简单的衣物；而在精神财富方面，他给世界留下了10多卷优美的诗歌和随笔作品。

这位诗人的生活是简单而富有意义的。他的人生是一种去繁就简的人生，没有太多不必要的干扰，没有太多欲望的压迫，是一种简单而又纯粹的人生。我们要在现实世界中享受如诗般的生活，只需要在心中辟出一块田地。一杯清茶、一本好书、一个阳光灿烂的下午……

但我们要时常打理自己的心灵，因为它随时会杂草丛生，贪欲是最难耕除的杂草。贪图享受、贪图自由、贪图……一旦贪念生成，一切便染上了目的性和功利性，闲适也会离之远去。素黑就是一个自在如女巫般美女作家，行走在天地之间，诗意生活。

提起素黑有一连串的头衔，香港著名心性及情感治疗师，文化研究硕士，注册临床催眠治疗师，专栏作家。已出版有多本畅销身心灵著作，《放下·爱》《一个人不要怕》《在爱中修行》《两个人的孤独》《出走年代》等。

这个永远不能被定位的过分女子做过很多工作，包括艺术行政、文化编辑、网站高级管理、网上电视主持、情绪教育顾问，曾在香港多所大学担任客席讲师，及做客席演讲嘉宾。

素黑其实不大喜欢说话，不爱上镜头。四方八面的人却喜欢走近她，希望知道她的一切，聆听她的心灵指引。寻找她治疗感情创伤的客人，来自香港、国内、马来西亚，还有美加、欧洲和澳洲等地的迷失男女。素黑说生活常常只在一念之间，就看你自己是想找自在还是找不自在。她不关注物质，不穿名牌服饰，她喜欢自己做衣服，黑色的，一件可以穿十多年二十多年。只关注活着，自在地、自由地、有尊严地活着。

素黑创立了的"黑洞治疗法"，就是从黑色里面去学习接受，接受自我，接受世界，去热爱自己，去热爱世界。休息也很重要，它是平衡和配合生活元素的重要一环。发脾气是没用的，我们不能只是爆发，而要花更多的心思去调节内在。平常要修，遇到问题的时候自然会迎刃而解。

素黑到过很多地方，1997年她曾抛下一切往英国南部小镇布莱顿隐居，出走是她学习自爱和心灵净化的重要食粮，边写游记边感受生命和爱。

工作之余，她喜欢到海边、山林里行走，去英国出走的那段时间，在海滩上，她感觉那边的阳光、水，放下了所有的一切。让自己彻底回应自然和宇宙，完全融入其中，这是在都市里完全体会不到的。让人感觉自己变得越来越透明，越来越年轻……

吹"尺八"（一种乐器）也是素黑调节心情的方式之一。她说掌握尺八非常难，因为它太简单，反而需要很高的技巧和全部的心思来掌握微细的音调变化，使人与尺八合二为一。为了找到一个好的尺八，素黑会用日本的明竹自己学习制作尺八。这时，她会将自己最大的爱倾进去，专心地、纯粹地去做一件事，过程就相当于修行。

素黑这么一个特立独行的女子，活得自在又洒脱，工作生活一样都没落下。这是因为她无论做哪一件事，都会将自己最大的爱倾进去，专心地、纯粹地去做一件事。活在自己的选择中，对自己的选择负责乃至尊重，无悔、无怨。

做能做的，量力而为。别忘记休息，保存正能量。觉知自己正在做的，随时调校质量。其实我们每个人都有分裂的一面，所以管理好自己的情绪最重要，只有这样，我们才得闲庭信步品味人生，不盲目跟随他人。

人生总是瞬息万变，计划赶不上变化，有多少寸劲儿，又有多少错过？有多少偶然，又有多少如果？意外总是不期而至，而我们能做的只有保持一颗平常心！宠辱不惊，看庭前花开花落；去留无意，望天空云卷云舒。把握住当下能够把握住的东西，才是应对无常最好的方法！

最美的姿态——做你自己

生活中，有些女人总是习惯地羡慕别人的生活是如何幸福、美满；看别人的工作多体面，而抱怨自己多年来依然没有任何晋升；看别的男人如此能干，而自己的老公却如此平庸……于是，我们埋怨生活的不公，命运的不济，结果只能让自己的状态弄得更加不堪。事实上，女人的最美的姿态就是做真实的自己，只有我们做好了自己，才能活得轻松，过得自在。

有一对孪生姐妹，由于父母同时死在一场事故中，姐妹两人分别被不同的人家收养。多年后重逢，个性活泼的妹妹乡下做了一名小学教师，过着清贫而恬淡的生活。个性安静的姐姐则一个大都市里当了白领，过着富足却紧张的生活。

姐妹俩过得都不快乐，姐姐羡慕妹妹的远离都市的繁杂，轻松自在，没有压力，相夫教子，幸福快乐。妹妹则羡慕姐姐生活在繁华的大都市，工作体面，环境优越。

一次，姐妹俩商量，不如相互调换一下，体会各自向往的生活。姐姐在乡下当一名小学教师，每到农忙，还要拼命干活，照顾一家人，累得半死挣不够自己一次美容的钱。享受不到轻松生活的轻松与安逸；妹妹为了能够适应都市生活，每天出去找工作，好不容易找到了一份工作，却发现自己无法应付职场的人际关系，再也感觉不到都市的繁华，心里充满了压抑。姐妹俩这才发现，还是做自己最好。

合适的才是最好的。这个世界多姿多彩，每个人都有属于自己的位置，有自己的生活方式，有自己的幸福，何必去羡慕别人？安心享受自己的生活，享受自己的幸福，才是快乐之道。许多时候，人们往往对自己的幸福熟视无睹，而觉得别人的幸福却很耀眼。想不到，别人的幸福也许对自己不适合；更想不到，别人的幸福也许正是自己的坟墓。羡慕别人的时候不要忽视那双羡慕你的眼睛，做自己最好，活得惬意，体味幸福。

央视著名主持张越出生在北京一个普通的家庭。从小就胖，胖嘟嘟的，比其他婴儿都重。小时候的她，人们都觉得她胖得可爱。

逐渐长大的张越，从人们看她的眼神里感觉到，胖其实不是什么好事。胖常被别人认为她又呆又笨，慢慢地，胖让她自卑。于是，她开始拒绝去人多的地方，她害怕见到那些身材苗条的女孩；她看到别的女孩跳舞，她也只有远远地站着，她不能、也不敢喜欢跳舞；最害怕地还是的体育课，她怕自己跑步的姿态成为别人的笑柄……

当时，张越最大的愿望是自己能有一身隐身衣，让所有的同学和老师都看不见她。后来，她听大人们说，深颜色的衣服可以显得瘦一些。从此，她只穿蓝色和黑色的衣服，只是希望把自己那不堪入目的胖隐藏一点、再隐藏一点。

就这样，她来越自卑，甚至拒绝去上体育课，宁愿一个人坐着发呆。

又一次体育课，她一个人坐在教室里，突发奇想：我要是变成某某某多好。可是，当她把班上所有同学都"扮演"了一遍之后，她发现变成了别人的"自己"虽然有很多优点，但她也发现每个人也都有很多缺点。这一刻，她释然了，还是做自己最好。

当她打开了心锁，不再自卑，跟不同的人交往，读各种书籍，在交往和阅读中，她汲取自己成长需要的大量营养。

一个偶然的机会，中央电视台想让她做节目主持人，却又怕观众不满她的长相，于是电视台一次又一次地把她作为嘉宾推到观众面前。但张越并不在意，依然地充分地做着上镜前的各种准备。

就这样，张越稀里糊涂地成了中央电视台《半边天》栏目主持人。并获得了"中国电视主持人25年杰出贡献大奖"的荣誉。

有人问她："身处电视台这种地方，女主持人更是美女如云，你会不会觉得自己被她们抢走了光彩？"面对这个似乎有点找茬的问题，张越笑得十分爽朗："你直接说我不漂亮得了。无论漂亮与否，我只能做我自己。"

只要是最适合自己的，便是最好的、最美的。张越深深明白，胖并没有错，因为她跟其他任何人一样，都是一个健康的人。胖，并没有让她的生活变得很糟，倒让她从跟自己找茬的青春期里明白了很多道理，学到了更多的有用的东西。所以，她现在和别的美女主持一样光彩照人。

谁甘愿度过平庸的一生？谁没有过美好的憧憬？人和植物、动物的区别，重要的一点恰恰在于人会设计自己的愿望，有实现这一愿望的冲动。有理想有追求是一种积极主动的活法，不被某一不切实际的理想或追求所折磨，调整选择的方位，更是积极主动的活法。

淡定的女人深知：一切生活都是值得好好去过的。须知任何一种生活都是生活，如果一个女人总是一味地去羡慕，模仿别人，最终可能什么都得水到，你也不可能找到适合自己的方式。所以，别忘了，做你自己才是最美的姿态。

享受生命，与自己的心灵对话

我们无时无刻不在奔走于繁杂的世界中。随着成长，我们渐渐失去或者是淡忘了生命最初的天真与好奇，在茫茫人海中，只顾疲于奔命，而忽视了生命中美的风景。

也许我们应该慢下脚步，驻足片刻，学会与自己的心灵对话，去享受生命，热爱生活。

我们只有经常与心灵对话，我们才能反思过往，感悟生活，珍惜当下，享受生命。即使想到生活的不如意，也会对生活抱一种达观的态度，而当这种态度占据一个人的心灵后，他就拥有了阳光的心态。

李·艾柯卡在做克莱斯勒汽车公司的总经理之前，曾是美国福特汽车公司的总经理。作为一个成功者，他的座右铭是："奋力向前。即使时运不济，也永不绝望，哪怕天崩地裂。"人的一生中，不光有成功的欢乐，也有挫折的懊丧。艾柯卡也是不例外。1946年8月，21岁的艾柯卡到福特汽车公司当了一名见习工程师。但他对和机器做伴、做技术工作不感兴趣。他喜欢和人打交道，想搞经销。

艾柯卡靠自己的奋斗，由一名普通的推销员一直坐到福特公司总经理的职位。当了8年的总经理、在福特工作了32年，从来没有在别的地方工作过的艾柯卡。有一天，竟然被董事长亨利·福特开除了。突然间失业是他生命中最大的打击。让这个昨天还是英雄的艾柯卡，一夜间好像成了麻风病患者，人人都远远避开他，过去公司里的所有朋友都抛弃了他。艾柯卡认真地与自己的心灵对话，这么多年来，一直在福特工作，像只陀螺般旋转，从来没想过自己最想做什么。

从哪里跌倒，就哪里爬里。艾柯卡觉得自己以往的工作还是很享受的，不如在另一个地方继续。经过反思，艾柯卡接受了一个新的挑战：应聘到濒临破产的克莱斯勒汽车公司出任总经理。

就这样，面对濒临破产的克莱斯勒公司，艾柯卡上任后，凭他的智慧、胆识和魄力，大刀阔斧地对企业进行了整顿、改革，并向政府求援，舌战国会议员，取得了巨额贷款，重振企业雄风。同时也成功挽救了一个世界级的汽车公司。

如果艾柯卡没能与自己的心灵及时对话，弄不清自己的优势在哪里，想要做什么样的工作，也许他将会沉浸在伤痛中无法自拔，从此成为一个郁郁寡欢的人，更别提接受新的挑战，成就事业。

在曲折的人生旅途上，难免会有这样或那样的不如意、不顺心，会有各种各样令人头疼的棘手问题，也必然会有喜有忧、有得有失。如果我们能够要学会清扫自己的心灵，给自己一丝温暖的阳光，就一定能够化解与消释所有的困难与不幸，我们的人生之旅就会更加顺畅、更加开阔。

安静从小是个内向的乖孩子，上学时胆小、不敢表达。可她却有一个与个性完全不一样的梦想——教师。

她高考那年就报考一所师范院校，并顺利毕业，但就业却异常激烈。宁静好不容易才到个私立学校当上老师，终于圆了自己的幼时梦想。可工作后，却发现校长表面招牌打着"以人为本"，实际却唯利是图。她觉得这与自己的初衷梦想并不相符，就离开了。

辞职之后的宁静，决定去南下找工作。可面试时听到最多的就是"专业不对口""缺少工作经验"之类的话。最后，好不容易有一家小玩具厂录用她当文员。安静安顿之后，决心好好干，开拓出自己的天地。

这份工作事多活杂，但工资只有几百元。狡猾的老板后来才告诉她，试用期至少半年，如果中间出现工作失误，将会延长。宁静在这里干得很压抑，处处小心谨慎，唯恐出现一丝失误。3个月后，她又提出了辞职。

当晚，安静难以入眠，一直在思考自己到底能做什么，怎样才能将自己的强项展现出来？突然她想到自己的字体还不错，笔试的时候可以顺便表现一下。

又是面试，人很多，排着队，面试通过的人接着笔试。巧的是要写一篇文章，宁静心里一喜，赶紧发挥灵感写！没想到，第二天，那个公司竟然通知被录取了，职位是公司最高的行政部门做文职。

入职后，安静才有了如鱼得水的欢畅。因为这是个注重企业文化的公司，经常会有文艺节目比赛书法比赛之类，还有文学社、播音站等。短短的时间就让集团很多人包括领导都知道行政部有个叫安静的才女。安静在公司一做就是几年，这期间她升职了，成长了，阅历也丰富了。但是她的心又开始惶惑不安，这样的工作好像也不是自己真正想要的。于是，在别人无法理解的目光中，她又一次辞职了。

安静说："几年过去了，自己最初的梦想依然没有改变，她想回到家乡办一所学校，当一名优秀的人民教师。"

生活重要的不是结果，而是过程。女人要学会享受生命，与自己的心灵对话。这样我们才能够得到惊喜。淡定女人要做生命的使者，做生活中的精灵，学会发现身边的风景，在风景中感悟生命，真正地享受生命中的惊喜与美丽。

第五章

耐得住寂寞，守得住繁华

寂寞是都市丛林无可逃避的症候群

我们赖以生存的这个时代，个体是不可能离开群体而单独存在，因此，有人说寂寞是都市丛林里的人们想要逃避却又逃避不了的症候群。的确，如果我们细心观察，就可发现，寂寞女人的姿态和表情，无所不在。

无论是在喧闹的白天还是寂静的夜晚；无论是环境幽雅的咖啡厅还是都市拥挤人群中，寂寞的女人随处可见，也在我们内心的每个角落、在某一个不经意的眼神、肢体动作或话语中。寂寞是一种无法排遣的情绪，即使有很多人在你周围喧嚣，如果没有人触摸到你的灵魂，你仍然会觉得寂寞。

周末的下午，晓晴兴冲冲地告诉爸爸，要和高中同学一起去聚会。爸爸看着她的兴奋只叮嘱别回来太晚。可晚上不到九点，晓晴就垂头丧气地从外面回来了，爸爸很惊讶，问她为什么不高兴，晓晴说别的同学都玩得很起劲，只有她一个人待在那儿，心里很难受。

爸爸知道了晓晴为什么不高兴，本想安慰她几句，但当时他实在不知说什么好。如果告诉她，那很正常，越是热闹的人群越感觉自己孤独的，可刚刚20岁的晓晴怎么能能理解呢？于是，爸爸给晓晴讲了一段自己的经历：

几年前，爸爸与几个朋友在乡下路过一个小水塘，几位朋友提议要下水去摸鱼。爸爸说，你看这是死水，全是积的雨水，水又清澈见底，根本就没有鱼。可是他们不听劝阻，纷纷卷起衣袖、挽起裤腿下了水，唯有他默默地坐在岸上看着他们。不一会儿，鱼没有摸到一条，衣服上倒沾了不少泥水，可是他们在水里摸来摸去，欢声笑语不断，而爸爸越来越感到孤寂。两三个小时过去了，他们才两手空空地上来，嘴里不停地调侃着、咒骂着，但爸爸感到他们在这段时间过得很快活，而他却独守着自己的那份孤单。

此后，尽管在生活中他又经历了不少类似的事，固执的他仍是一如既往地独守这份寂寞，因为他深知，很多情况下，寂寞是无法避免的，与其刻意逃避不如坦然接受，并把它当作享受生活的一种方式。

晓晴听了爸爸的一席话，似懂非懂地点点头，至少明白这是成长过程中所必须经历的。

寂寞，是忧愁的伴侣，也是幸福的密友。布雷斯巴斯达曾经说过："所有人类的不幸，都是起始于无法一个人安静地坐在房间里。"洗尽尘俗，褪去铅华，在这喧嚣的尘世之中，要保持心灵的清静，必须学会享受孤独。

正像作家纪伯伦所说："孤独，是忧愁的伴侣，也是精神活动的密友。"体味寂寞时，我们默享的是一种难得的感觉。此刻，轻轻地合上门和窗，隔去外面喧闹的世界，默默地坐在书架前，用粗糙的手掌爱抚地拂去书本上的灰尘，翻着书页，嗅觉立刻又触到了久违的纸墨清香。寂寞，是女人的一种宿命，更是精神优秀者所必然选择的一种命运。著名影星袁泉就是一个享受寂寞的女人，她在孤独中绽放得更美丽。

虽然在热闹非凡的娱乐圈中，袁泉身上却有着一种挥之不去的孤独感。当一群人围在她身边时，她也无比显眼，那清冷的气息，少言寡语的样子就像隔离墙，把她和众人之间气质上的疏远，分得清清楚楚。你能感觉到她的某种不自在或惊慌，让人无法轻易接近她的内心世界。

这是一个让人想要用各种叙述和形容词来铺垫的女人，就像她从未大红也从未被观众忘却的原因，是一个谜。生活中，她不施脂粉，一身简单的运动装，却散发着生人勿近的气场。她羞涩安静，与生人相处时可能会一天不说话。每当接受单独访问，她总是尽可能地少提及夏雨，也有着属于自己的世界。

在星光灿烂的领奖台上，她干净清爽，甚至是与众不同的选择素颜示人，可以说这是一项奇迹，但袁泉就这样出现了，哪怕面对摄影记者。当她有时因某个话题笑出来时，你能清晰地看到眼角的细纹，然后想起她妈妈的身份，但又能感觉到她的笑也许只在表层，还没来得及延伸到心里，因为她的拇指紧紧扣住掌心，心理学家说：这叫紧张。

袁泉看起来并不喜欢与太多的人交流，她说其实我可以交流，只是没那么强烈的欲望去让别人知道我，认同我的观点。虽然现在大家都玩微博，但我没这个欲望，我不想去知道别人在做什么，也没想法自己要怎样展示。

脸庞宛如混血儿的女演员袁泉，由于有一种极具雕塑感的古典美而出演了一些旧时代的女孩儿。比如《简·爱》。她说身上的孤独感与经历有关，曾经她有着和《简·爱》中女主公一样的自卑。

袁泉早在11岁时，就一个人读戏校，由于环境陌生，年龄小，没有父母的呵护，她感觉特别孤独。所以她那时候特别喜欢看《简·爱》，直到自己去演这样一个角色，她是满心欢喜，因为她完全能理解女主人公所有的自卑。

《简·爱》女主人公的自卑很大一部分来自于她并不出色的外貌。袁泉也笑称自己这一点也与其极为相似，在她成长的过程中，很少人认为她是漂亮女孩。于是，在读到中戏后，仍非常自卑。为了改变自己，她也曾像《简·爱》一样用努力改变人生，所以她上课特别认真，专业课都是最好，想用这个优势来弥补自卑。

袁泉说自己特别享受话剧。内心总感觉用第一人称说话时，特别不安全，但舞台上可以用其他身份说话，就不存在这个问题。舞台给让她感到安全，角色和观众有距离，她也可以和他们同呼吸也可以视他们不存在。她是个很多东西都需要慢慢回味的人，下意识就想慢点，千万别催她……

在炒作盛行的娱乐圈里，袁泉是个例外，她孤独、低调，除了工作方面，她几乎什么也不愿意多谈。其实，袁泉比别人有着更多的娱乐资本，她那并不算丰富但精彩的感情生活，一直在吸引着人们的目光。她的每句话都字斟句酌，用字雅致而又优美，"小众文艺女青年"的她在孤独中静静地绽放着自己的灿烂。

波澜万丈的生活尽管激荡人心，让人心驰神往，但在人生的河流中，更多的则是平静，女人要学会一个人慢慢地享受人生，总会有那么一个时刻是孤独无助的，但不要害怕。当孤独来临时，去体味它、享受它，在欣赏完夏花的绚烂之后，不妨沉下心来，品读秋叶的静美。因为这本身就是人生给你的最高馈赠。

当然，寂寞永远都不是一个人的舞蹈，女人不要把自己的生命孤立。无论我们走到哪里，一定要培养出与人们亲密的情谊关系。就好像燃烧的煤油灯一样，火焰虽小，却仍能产生出光亮和温暖来。只有这样，女人才能真正摆脱寂寞的困扰。

每个人都有自己的寂寞天堂

很多在都市生活的女人，内心总有一种挥之不去的寂寞，也许是忽略了与他人之间的关系，也许是职场竞争大，有着被人排挤的经历，抑或是内心深处的莫名空虚感，甚至是被社会遗弃的无奈，总之，这是一种长期内化出来的恐惧和不安。

寂寞来袭时，总是让女人无所适从。尘世的人们，无不自觉地选择使用安慰剂，来减轻症状。寂寞，不是感冒，用再多的特效药，都没有用。当你用药愈重，它的抗药性就愈强，反扑力也愈惊人。

唯一能救你的解决方案，就是用清醒的心，去观照它的虚幻不实，找到自己的寂寞天堂，它才会彻底消失不见。很多时候，我们无法排遣寂寞。所以，当寂寞来时，微笑与之相伴。只有学会与之为舞的人，才能拥有一颗平和的心态，才能更好地走出去。享受与人交往之乐。

独坐一隅，望着远处，天气很糟，云无力的飘浮着，似乎无法承受那灰暗的天空，仿佛要飘落了下来。一阵风过，又有几片枯黄的树叶飘落下来，飘进了记忆的深处。片片落叶，仿佛都在述说着那曾经的缠绵，那遥远的往事……

王争是北京某个公关公司的经理，上班应付客户，下班周旋于餐桌应酬，每天说着言不由衷的话，做着于公于私有利的事，就是没有时间去关照自己的内心。最近，他感到特别疲惫，决定周末宅在家里。

但周六早上一醒来就急着检查手机，看是否有朋友或客户的来电。让他失望的是，手机没有任何声音，于是他开始了一天无所事事的生活。没有洗漱，直接打开冰箱，发现还是上周吃剩的饭菜，早就没了食欲。索性出去吃早餐，出门之时还不忘带上手机。

一个早饭期间，他的目光一直盯着手机。

手机依旧没有任何动静。既然没有朋友来约，不如回家翻翻书，清静一下。

王争想到这里，又返回回家的路。打开门，翻开书，还是把手机放到手边，生怕漏掉一个电话。他时不时地就检查来电记录。

一个上午过去了，书没翻到几页，手机也没有如他期待地响起。索性上网，看看有没有人在线聊几句。让他失落地是，线上也没人，也许是周末大家有安排吧。

王争想到这里，决定主动出击，尽管他翻遍了通讯簿，打了许多电话或传了简讯，仍没有人响应。这个周末，他似乎不知如何安排自己。

整整一天，不管他到哪里，他都紧抱着手机，因为，失去手机，他等于失去了和寂寞对抗的唯一武器，也失去生存下去的勇气。

周日的早晨，王争不想一个人太无聊地打发时间了。突然之间，脑中浮现去年和一票朋友去海边玩的画面，那种忘掉寂寞，只剩下快乐的感觉，顿时涌上心头，唤醒了全身的细胞记忆。他决定开车出去走走。

一个小时后，王争驱车来到了海边，他下意识拿起手机，检查讯号强度，讯号良好，检查来电记录，仍是没有未接来电。在这一刹那，他的心苦到了极点，他大声嘶喊，用尽所有的力气。

喊过之后，王争发现内心平静了不少。他站在高耸岸边，看着冷冽的浪花，在灰蒙蒙的空气中翻滚着。突然感觉，人的心其实可以像大海一样宽阔。自己的烦恼与寂寞瞬间不见了。

王争在海边走着，看到嬉笑的孩子，便与之逗乐；遇到晒太阳的老人，就与之攀谈；路过甜蜜的情侣，报之以微笑。这样一来，王争感觉生活原来是如此美好，心中也变得更加宁静了。他决定关掉手机，好好享受这难得的时光。

在密密麻麻的水泥丛林中，住着很多寂寞的人。寂寞无法避免，但并非无药可治。当寂寞来敲门，如果我们能保持觉知，勇敢地正眼看它，看穿它虚幻的外相，看清它的真面目，我们就可以在这红尘幻影中，优游自在地体验一切，远离苦恼和寂寞，自在无碍。

很多人都说，寂寞是人的天性。如果没有觉知，而让寂寞吞噬你，这种寂寞，会变成精神病或恐慌症。每个人都有属于自己的寂寞天堂，找到解决寂寞的彼岸，自然就是快乐和悠然。一般来说，日常生活中，女人可以通过以下几种方式排解寂寞。

1. 静思

寂寞的时候，我们可以回味一下过去的事情，以明得失；也可以计划一下未来，以未雨绸缪。让寂寞像个沉默少言的朋友，在清静淡雅的房间里陪你静坐，虽然不会给我们谆谆教导，但却会引领我们反思生活的本质及生命的真谛。

2. 读书写字

寂寞的时候，我们也可以静下心来读点书，让书籍来滋养一下干枯的心田；喜欢写字的人，也可以在博客或空间写出自己的心声，让文字记录我们的心路历程，可以让它躺在记事本里默默地尘封；也可以时常翻看，激励自己。

3. 散步

散步让人散步可以使大脑皮层的兴奋、抑制和调节过程得到改善，从而收到消除疲劳．放松、镇静、清醒头脑的效果，所以很多人都喜欢用散步来调节精神。一个人散步时，我们可以仰望天空。无论是阳光明媚的春日还是沉沉的秋天。看云淡风轻，望长空飞雁。从而享受当下生活，而更加珍惜生活。

当然，我们也可以和家人一起去散散步，弥补一下失落的情感；还可以和朋友聊聊天，古也谈谈，今也谈谈，不是神仙，胜似神仙。

把寂寞当作人生预约的美丽

许多女人每天都在抱怨生活的压力太大，感到内心烦躁，不得清闲。于是，追求清静成了许多女人的梦想，但却害怕寂寞。寂寞并不可怕，只要能暂时放下心中的惦念，真心体味，寂寞也是一种清静，而且比清静更有价值。

如果一个女人能把寂寞当作人生预约的美丽，怀着淡定从容的心态去面对世间烦琐，那么也就没有了真正意义上的寂寞了。一个人要想成功，必须能够忍受孤独。

纵观历史，但凡成就大业者在其创业初期，都是能耐得住寂寞的，古今中外，概莫能外。门捷列夫的化学元素周期表的诞生，居里夫人的镭元素的发现，陈景润在哥德巴赫猜想中摘取的桂冠等，都是他们在寂寞、单调中扎扎实实做学问、在反反复复的冷静思索和数次实践中获得的成就。季羡林先生也是一位懂得把寂寞当作人生预约的美丽的一个大师。

20 世纪 30 年代，季先生独自一人前往德国求学，这一去就是十年，独在异乡的寂寞和对故乡及亲人的思念只能深埋心中。但他并没有被寂寞打垮，从最开始的陌生的人和环境，到慢慢适应，并潜下心来，钻研学术。

正是由于他能耐得寂寞的袭击，虚心向良师求教，学识大有长进，人生阅历也有所增多，只是身边少了亲人的陪伴。即使回国之后，由于工作原因，季先生很多时间也不能和家人一起共享天伦之乐。直到 1962 年，妻子彭德华从济南搬到北京来，季老数十年的单身生活才算结束，"总算是有了一个家"。

季先生在散文《马缨花》一文中，他描绘出了自己当年寂寞的场景："曾经有很长的一段时间，我孤零零一个人住在一个很深的大院子里。外面走进去，越走越静，自己的脚步声越听越清楚，仿佛从闹市走向深山。等到脚步声成为空谷足音的时候，我住的地方就到了。"

当一个人把寂寞当作人生的馈赠时，心态就会淡然很多。季先生是一个寂寞并懂得享受寂寞的人。真正的大师，往往与寂寞同行。他们就像是武侠小说中的绝顶高手，唯有耐得住寂寞，才能在潜心修炼中练就绝世武功；唯有守住寂寞，才能在凝神之间习得抛却外界一切干扰的定力；唯有甘于寂寞，才能无欲无求，才能泰山压顶而自岿然不动。

对于芸芸众生的我们，要挣脱寂寞的方法，就是要勇敢面对并接纳的寂寞。一个人的生活中总会有这样、那样的挫折，会有这样、那样的机遇，然而只要你有一颗耐得住寂寞的心，用心去对待、去守望，成功就一定会属于你。

古人云："论至德者不和于俗，成大功者不谋于众。"至高无上之道德者，是不与世俗争辩的；而成就大业者，往往是不与老百姓和谋的。这话乍听起来似乎有悖于历史唯物主义，但细细想来，也不无道理。"头悬梁，锥刺股"也好，"孟母三迁""凿壁偷光"也好，大都说得是耐得住寂寞的人才能成就一番事业。

每个人一生中的际遇肯定不会相同，然而只要我们耐得住寂寞，不断充实、完善自己，当际遇向我们招手时，我们就能很好地把握，获得成功。有"马班邮路上的忠诚信使"称号的王顺友就是这样一个甘于寂寞、耐得住寂寞的人。

王顺友，是四川凉山彝族自治州木里藏族自治县的一位苗族邮递员。2005 年被评选为《感动中国》十大人物。20 年来在雪域高原跋涉了 26 万公里、相当于走了 21 趟二万五千里长征、绕地球赤道 6 圈。每年投递报纸 8000 多份、杂志 700 多份、函件 1500 多份、包裹 600 多件；投递准确率达到 100%。

从 1985 年开始，王顺友就在大山里奔波送信。一个人、一匹马、一条路、和一颗温暖的心。20 年，他一个人跋山涉水、风餐露宿，按班准时地把一封封信件、一本本杂志、一张张报纸准确无误地送到每个用户手中。

木里地处青藏高原和云贵高原的接合部，这里除了山还是山，很难找到一块平地。因为地理和经济等条件限制，全县 29 个乡镇中，至今仍有 23 个乡镇不通电话，7 个乡镇不通公路，16 个乡镇没有电，但早在 1976 年 2 月，木里全部的乡镇都已通邮——邮政成为群众了解外界信息的重要途径和方式。邮递员步行给部分乡镇送信，邮件只能用马驮，被称为"马路邮班"。

在这条路上，没人能替他分担这近乎残酷的艰苦，他一肩挑、一人扛。当万家灯火、家人团圆的时候，王顺友只能一个人蜷缩在山洞、牛棚、树林里或露天雪地上，只有骡马与他相伴。冬天一身雪，夏天一身泥，饿了就啃几口糌粑面，渴了只能喝几口山泉水或吃几块冰。到了雨季，他几乎没有穿过一件干衣服。由于常年野外风餐露宿，喝酒驱寒，王顺友的身体一堆毛病，胃病常年伴随着他，他的心脏、肝脏、关节也经常受到病痛的折磨。

王顺友视邮件为生命，忠诚履行着一个乡邮员的职业使命。1988 年夏天，雅砻江上还没有吊桥，过河要使用溜索。当王顺友快到对岸的时候，钢绳突然断了，他重重地摔在沙滩上，裹在塑料布里的邮包落到江中。王顺友顾不上疼痛，随手抓起一根树枝，跳到江中，与激流搏斗了一个多钟头，终于将邮包拖上了岸，可他却累得瘫倒在岸边。

在恶劣的自然环境和艰苦的工作条件下，在马铃孤寂的叮当声中，王顺友以超乎常人的坚韧，日复一日，年复一年，在漫长的马班邮路上。在木里县邮政局的记录中，20年里，王顺友从来没有延误过一个班期，丢失过一份邮件。

徒步在大山里孤身行走360千米，至少要露宿6个晚上。对越来越多的户外运动爱好者来说，这样的一次经历也许充满趣味，但每月都风雨无阻走上两趟，是不是难以想象？这个普通的苗族乡邮员却有着崇高的职业使命感，把寂寞当作人生预约的美丽，把这件事做了20年。

耐得住寂寞，是所有成就事业者共同遵循的一个原则。浮躁的人生是与之相悖的，它以历来不甘寂寞和一味追赶时髦为特征，有着一种强烈的功利主义驱使。浮躁的向往，浮躁的追逐，只能产出浮躁的果实。这果实的表面或许是绚丽多彩的，却并不具有实用价值和交换价值。

但凡成就大业的人物，无不以踏实、厚重、沉思的姿态作为特征，以一种严谨、严肃、严峻的表象，追求着一种人生的目标。当这种目标价值得以实现时，仍不喜形于色，而是以更寂寞的人生态度去探求实现另一奋斗目标的途径。

一位西方哲学家说："世界上最强的人，也就是最孤独的人。只有最伟大的人，才能在孤独寂寞中完成他的使命。"所以，面对人生，女人要学会做精神上的"独行侠"，在孤独中寻求自我的价值，实现自我的价值。

越寂寞也可以越美丽

人生在世，谁都难免被寂寞所困。有的女人在寂寞中活得越发精彩、美丽；而有的女人却在寂寞中自怨自艾，心情抑郁。最主要的原因是她们处理寂寞的方式不同，对待寂寞的态度不同。如果我们能够把寂寞当作一剂清醒剂，可以把生活调节得人有滋有味，就能越寂寞越美丽。

著名歌手刘若英是一个在寂寞中独自芬芳的女人，她从小一个人就学会了孤单，长大后一个人漂泊，常常会一个人彻夜不眠。看似温暖而温和的她却承受了比别人更多的寂寞，如今她用歌声吟唱寂寞，在影视剧中传递温暖，在文字中诉说自己的心声。

在刘若英小到甚至不记事的时候，父母离异。做船长的父亲带走了唯一的姐姐，两岁的她，被送到阿姨家，小小的孩子却常挨打骂。爷爷奶奶去看孙女，看到了正舔着鼻涕吃棒冰的她，便决定带她回家，给她一个真正的家。

爷爷是将军，给她严格的家教。而婆婆给她的要求，也绝不比爷爷少。婆婆是大家闺秀，连出去开个门都会穿上丝袜。他们对刘若英要求十分严格，从小就得站有站相、坐有坐相。上学的时候，学校里常开"母姐会"（即家长会），但去的却只有婆婆，所以被同学戏称为"婆姐会"。那时候的她真的很敏感，童年绝大多数时间里，她什么都不做，只是一个人安安静静地坐在那里幻想。安静得像一只受伤的小兔。

那个时候，刘若英还很小。婆婆牵着她的手走到一台黝黑发亮有着黑白键盘的乐器前，把住她的小手在上面抚弄出了无数个音符，然后告诉她："这是钢琴。"后来，婆婆几乎倾尽了自己的私房钱，为刘若英买了一台钢琴。在她称作是"被逼学琴"的那段岁月，她给自己的第一台钢琴取名"流浪"。

刘若英第一次问婆婆："我为什么要学钢琴？"婆婆说，如果有一天，如果你老公不要你了，你还可以有一技之长，可以养自己，养小孩。7 岁的刘若英，虽然对一切还是懵懂，少不更事，但已经开始承受一个人的孤单，甚至开始学习他有可能会离开她的时候要去做的事情。

高中时的刘若英，曾经幻想自己可以成为一个作家，一如她喜爱的三毛和琼瑶，她发现自己起笔时选择的词句总是那样精准，永远可以恰到好处地表达自己当时的心性——与此同时她也悲哀地发现，她的语言机能退化了，她的嘴永远赶不及她的笔，不知道什么时候，她变成了一个孤僻、忧郁的人。

和所有患上"青春期忧郁症"的人一样，她曾经一度极端厌世，甚至想到过自杀。好在最后一刻突然醒悟过来，想到自己还有亲人，哪怕已经失去全世界，却不能再失去亲人。这种被需要的感觉，让她决定好好活下去。

一个意外的机会，刘若英签约进了陈升的公司。从此开始了一个人漂泊的路。她开始从助理做起。端茶倒水，洗厕所，买便当，佣人一样。但所有这些却让她很有成就感，甚至这些成就感要比自己站在台上接受欢呼来得汹涌。当时，她最大的愿望就是在某张 CD 上印着"制作：刘若英"几个字。

三年过去了，助理也做了三年，刘若英曾一度想放弃做歌手了。但她一想自己是如此爱唱歌，又坚持了下来。她说："没有一个工作是没有委屈的。起码我选择了一个我热爱的工作。在里面受点委屈，我觉得是应该的。"

刘若英幸运地遇到了张艾嘉，之后就有了让她崭露头角的《少女小渔》。但出演了《少女小渔》之后又有相当一段时间的沉寂。所有的一切还不能给婆婆说，只能骗婆婆说自己很忙很忙，然后到处混，装作自己很忙。那时候，她常常一个人彻夜不眠。她在《一个人的KTV》一书中写道：

　　"躺在床上也不知道多久了，但就是睡不着，终于决定不再倔强，起来喝杯茉莉花茶。

　　"半夜收到公司同事的一封传真，恭喜我快出片了，我的思绪掉到了过去两年中无数一个人的日子……

　　"看电影一个人，吃饭一个人，逛街一个人，挂急诊一个人，甚至一个人唱KTV。

　　"一个下午，算算自己已经四天没出门，突然很想唱歌。场景是东区热闹的KTV店。

　　"'小姐，有订位吗？'

　　"'小姐，有几位呢？'

　　"'小姐你需要大包厢还是小包厢呢？'

　　"'我，一个人。我需要小包厢。'

　　"我狠狠地唱了三个小时，像办了一场演唱会。唱自己的歌，想着这几年来我的脸的改变。

　　"唱自己的歌，让那些日子一幕幕重现眼前。唱别人的歌，听听别人的心情，想象别人过的日子。最后嗓子终于沙哑了，泪水也终于布满了我的脸颊。可惜，只可惜这不是发生在布景壮阔的舞台上，也没有摆着精准的摄影机记录我发自内心的呐喊，我不过是一个人在KTV里扮演平凡女子的悲喜剧。

　　"埋了单，我以电影散场的心情走出KTV，天色已经是灰黑的了。下班时拥挤的东区，里头有一个这样的我。有歌唱还是好的，即使是自己唱给自己听。"

　　刘若英说自己是个活在当下的人，正是那些人生和事业的低谷，更让她懂得珍惜自己要面对的每一部戏和每一首歌。于是，她一度几乎变成工作狂，长期的疲劳和对身体的忽视让她累出了肾炎。对此，她依然微笑着说："我常常会以为我能撑得住。"

　　生活中的刘若英，素面朝天；偶尔说粗口；将越野车开得飞快；依旧很节省，只在有需求的时候才去逛街；依旧最喜欢待在家里，拆掉门铃，因为不愿被人打扰……台下她还是那个刘若英，一个也许永远不会被改变的刘若英。

　　她只想牛仔裤白衬衫，每天早上在同一家咖啡馆早餐，出门到诚品书店逛一圈。她只想要这样简单的生活。不工作的时候，她喜欢坐在屋子的角落，低头看着杯子，阳光透过落地窗洒进来，照在她肩上，还有她手里那杯奶茶。刘若英就是这样一个女子，因为寂寞更独立，因为独立更美丽。

　　如今，刘若英找到自己的幸福。越寂寞，越美丽。刘若英一直走在寂寞又幸福的路上。当寂寞侵袭时，我们可以纵情声色场所，但也可以利用这样的情绪来沉淀自己。所以，寂寞可以是正面的，也可以是负面的，它本身不具任何意义，关键是我们寂寞的态度。寂寞本身是不可怕的，可怕的是我们对它的恐惧及不知所措。

　　每个女人其实都活在自己的世界里，这意味着我们永远不可能赶走寂寞。寂寞来了，就不走了，它要成为土壤，成为泉水，成为营养，如果女人了解它，善待它，爱它，享受它，它就会让自己怒放出最美丽、最芬芳的花。

倾听寂静，优雅吟唱

既然寂寞是现代都市丛林中无法逃避的症候群，我们不妨坦然接纳寂寞，把它当作人生预约的一种美丽。当寂寞来袭时，女人应该坚定地活在自己的世界里，以最优雅的姿势喝出心中的迷茫和无奈，远远胜过在人群熙攘的大广场里游荡徘徊。学会享受寂寞便是爱自己，爱生命的一种表现。

人生只有一条路，且必须由你独自行走！在这条路上，我们也许会经历数不清的寂寞和清冷，也许会有枝枝蔓蔓阻碍前进的路。这时，淡定的女人会用快乐的音符驱除阻碍和寂寞，心情舒畅了，道路畅通了，前面路上才会铺满似锦繁花。耐得住寂寞的人才能成就一番事业。

有这样一个人终生过着寂寞的生活。

他出生在一个再平常不过的小村庄，父母都是犹太人，没有任何背景。有人甚至说他没有父亲，他的母亲是又一个农家女。而他小时候就没能在父母身边快乐地成长，却在另外一个小村庄里长大，在木匠店里工作。30岁后开始旅行布道3年之久。

一生中，他没写过一本书，没有担任过任何职务，甚至也没有一所属于自己的房屋，整日居无定所，没有自己的小家。

当然，他也没有机会接受大学教育，甚至不曾涉足过大城市。他足迹所到的地方，不过是离他的出生地不逾200英里的附近。他连一张证书也没有，他只有他自己。一切和伟大有密切关系的东西，他全没有。

年轻的时候，人们瞧不起他，鄙视他，反对他。就算他教过的学生也曾经抛弃他，甚至还有一个学生竟然出卖了他。当他被交到当时的统治者手中，受到审判，被人嘲笑、捉弄。后来，他竟然被残酷的当局者钉在一个木头十字架上，钉在两个强盗当中。他仅有的一件外衣也被士兵们抢去。生时如此寂寞不易，死后也未能有一个安身之地。死后的他，尽快被人从十字架上取下来，但没有一个属于他的坟墓。于是，他的一个朋友把为自己准备的坟墓让给了他，才使他有了一个葬身之地。

直到今天为止，世界上任何一个人都抵不过他的寂寞。有人说把全世界所有的陆军、海军，所有议会的议员，所有统治过人类的帝王都加起来，对地球上人类生活的影响力，都远远不及这个孤独的人。

这个一生寂寞的人就是耶稣。

正因为耶稣在长期困苦的一生中，不沉溺、不抱怨；在寂寞时埋头前进，优雅吟唱，从而为全世界人敬仰的一个人。现代社会中那些为生存而挣扎的人总会抱怨内心的空虚和人情的冷漠，哀诉人间的不公正。这样并没有任何意义，不如享受并歌唱寂寞。

其实，寂寞是一种难得的感受。当我们想要躲避它时，它已经深深存在人们的心中。此时，不妨轻轻地关上门窗，隔去外界的喧闹，一个人细心品味寂寞的滋味。坐在桌前，焚一炉檀香，冲一杯咖啡，翻一本酷爱的图书，感受久违的纸墨清香。当然，如果你愿意，你也可以什么也不想，只是一个人静静地待上一会儿，让大脑暂时处于休眠状态。

此时，保留一点空间则可以使我们反思过往，展望远景，只有这样才能醒悟，摆脱寂寞。"过尽千帆皆不是，余晖脉脉水悠悠。"

意在告诉人们，只要学会品味寂寞，那么寂寞的日子总会有尽头，漫长的等待总会有归期。并且在而在寂寞的等待后，体会到绝美的心境，而这些是要有过这种望断千帆的经历的。

耐得住寂寞的女人往往拥有一种难得的品质，它不是与生俱来，也不是一成不变，它需要长期的艰苦磨炼和凝重的自我修养、完善。耐得住寂寞是一种有价值、有意义的积累，而耐不住寂寞是对宝贵人生的挥霍。

据说有一位美国的记者整日在外地取景采访，利用自己的职业捕捉生活中的真善美。尽管每天都过着漂泊不定的生活，但他却不觉得寂寞，因为他爱这个工作，并从中感到其他工作所不能带来的快乐。

有一次，这个美国记者来到南美洲的一个原始部落采访。一路走来，他看到街道上只有少数的当地人守着自己的物产在等客，他们不叫卖，不招揽顾客，来来往往的行人也不多。美国记者心中很疑惑，为什么他们不去主动推销自己的物品呢？

走着看着，到了集市尽头。美国记者者看见一个老太太在卖柠檬，完全不管有没有来客，只是自顾自在小声吟唱。老太太的生意应该是不太好，好像一上午也没卖出去几个。这位记者动了恻隐之心，不如我把老太太的柠檬全部买下来，这样，她就能"高声唱着歌回家了"。

于是，记者走上前去，对老太太说："你把这些柠檬都卖给我吧，这样你就能早早地回家，不在这里寂寞等待其他的客人了。"

老太太说："我每天都这样，不觉得寂寞，我喜欢在没有顾客的时候歌唱。有客人时我就招呼顾客，有没有客人来我都一样。如果我现在把柠檬都给了你，那我下午卖什么？"

　　记者闻听此言大吃一惊，是呀，当老太太不觉得没有客人来光临自己的生意是一种寂寞，反而淡定地做着自己应该做的事情。而自己不也正是因为喜欢了在别人看来是一种寂寞的工作的记者这个职业吗？

　　寂寞的时候，老太太依然如此淡定，没有人不让她把日子过得这样优雅。人的一生中，繁华总会在某一天落幕，情感总会在某一个时刻变得空洞，那么，不如，我们静静地享受寂寞。可以优雅的为自己跳一支舞，动情的唱一首歌，为春风拂面后的一刻温暖，酝酿成一首美丽的诗篇，为一个瞬间的涌动，留下一个美好的镜头。

　　当人的情绪处于低潮时，对任何事情都提不起兴趣，要学会转移注意力。有些事情既然已经成为事实，就尝试着去接受，去面对。一个人不可能改变世界，世界也不会因你而改变，淡定女人所能做的，就是适应世界，不钻牛角尖，优雅吟唱自己的生活，才会有自己的精彩。

耐得住寂寞的人，才能成就人生

　　寂寞是决定人的命运的情境。耐不住寂寞的女人，往往会去寻求排解的办法，比如会朋友闲聊，周旋于酒色之中，或者沉迷于网络游戏……这样的人最终成为一个平庸的女人。而那些在寂寞中沉淀，忍受住孤单，并靠内心的力量战胜寂寞的女人，必是成大事者。

人们通常会说："吃得苦中苦，方为人上人。"说的就是耐得住寂寞的人往往可以走向成功。人生的道路上，总会有迷惘、困顿、彷徨、无助的时候，如果我们能够坚持熬过这一段寂寞的时光，在寂寞中沉淀，将会获得内心的淡然，找到前进的方向，指引我们走向成功，从此我们的人生也将变得与众不同。

"音乐之父"巴赫曾经被父亲的一句"要耐得住寂寞才能成就人生"的话点醒了，从此刻苦钻研音乐，并最终做出非凡的成就。

巴赫家族是一个人丁兴旺的音乐家族，这个家族从十六世纪中叶就开始出现音乐家，一直延续到十九世纪末，三百多年中共出现了五十二位音乐家。

在巴赫还是个幼儿的时候，他的叔父就发现他对音乐非常敏感，由于叔父是当时市乐队的指挥，于是，他的叔父找到他的父亲建议让巴赫走音乐这条道路。起初，巴赫的父亲并没赞同叔父的意见。

巴赫的父亲通过一段时间的观察，看到巴赫自己确实对音乐十分痴迷，发现巴赫的确具有音乐天赋，巴赫的父亲这才勉强同意让巴赫学音乐。于是他非常严肃地对巴赫说："学习音乐需要不断努力和勤奋才行。你要记住：耐不住寂寞，是不会成功的。"

于是，三岁的巴赫就开始步入了音乐之路。巴赫先从练习小提琴开始学习，每天不停地拉啊，推啊。开始学拉小提琴时，动作不过是一推一拉，非常单调枯燥；吱吱呀呀的声音更是不堪入耳。很多人就是不看忍受初学期间枯燥和噪音的折磨而放弃的，而巴赫每当坚持不下时，就想到了父亲的那句话，硬是让自己坚持了下来。

巴赫的儿子在一本书中对父亲出色的小提琴演奏水平坐了这样的描述："从青年时代起，直至临近老年，他演奏的小提琴音色纯正，深切感人，从而控制了一般要用古钢琴才能控制的乐队。"当然，巴赫的演奏水平与刻苦练习是分不开的。据说，巴赫每天在院子里的草坪中间练琴，每当手指疼痛难忍的时候。他就拔几根草，用草汁止痛，时间长了，他站的那块草地竟然被他拔秃了一圈。

巴赫在学习小提琴之后，又学习了中提琴、管风琴等乐器。由于巴赫心中对音乐的喜爱，不怕枯燥、寂寞难耐的时光。在他 18 岁的时候，就担任了多处教堂和宫廷乐长及管风琴师。

尽管巴赫学习了多种乐器，巴赫在世时，是以演奏管风琴而出名的。事实上，演奏乐器只是巴赫的音乐才能之一，真正带给巴赫世界性影响的是他的音乐创作。巴赫一声创作了 200 多部作品，但在巴赫生前，他的作品却一直没有得到音乐界的认可和重视。直到巴赫去世后近 100 年，这些作品才得到应有的尊重。

"耐不住寂寞，是不会成功的。"这是巴赫苦练乐器时用来激励自己的，也是他音乐创作的真实写照。巴赫耐住了寂寞，最终获得了成功。巴赫生前创作了那么多优秀的作品，却并没有及时得到认可，而在他逝世后 100 年，人们才意识到这些作品的价值。这期间，难以想象他要承受多少寂寞。

由此可见，大凡成功者都是孤独而执着的。耐得住寂寞，是一个人思想灵魂修养的体现，是难能可贵的一种风范。寂寞是一种考验，面对寂寞，有的人能够做出惊人的伟业，有的人却成了寂寞的俘虏；寂寞是一种坚守，面对寂寞，有的人能够坚守精神的底线，有的人却成了道德的叛徒；寂寞是一种修炼，面对寂寞，有的人能够参悟人生的真谛，有的人却跌到地狱的深渊。

人生在世，寂寞是在所难免的，能不为寂寞所伤害，不在寂寞中消沉，学会走出寂寞，把生活调节得有滋有味，那才是一个真正会生活的人。寂寞是一种境界，自有一种雅士的淡定。有人说："如果你想出人头地，你要耐得住寂寞，因为成功的辉煌就隐藏在寂寞的背后。"

耐得住寂寞的人，能够坚守忠诚，不会被外界所迷惑。只有耐得住寂寞，受得了诱惑，坚持心中的信念，才能经历我们的精彩人生。享受寂寞，为自己的人生做一个小小的点缀，其实是一件很美丽的事。没有寂寞的人生，只能是肤浅的人生，平庸的人生。

现实生活中，许多女人喜欢忙碌，有些女人是由于害怕寂寞而刻意让自己忙碌起来，其实，忙碌最让人失去自我，忘却生活的本来面目，最终丢失了自我。人生需要寂寞。独守一份清静，甘受一份落寞，其实是一种人生境界。

所以说，耐得住寂寞是一种心境、一种智慧、一种精神内涵，女人的感情大抵最易麻醉，更需要我们耐得住寂寞。耐得住寂寞，就不会怨天尤人，就不会萎靡不振，就能笑容满面地工作、生活着。明天才会更美好。

第六章

有一种感情：云淡风轻

等待，只为与你相遇

一个女人如果到了适婚的年龄还没有找到合适的对象，往往会开始着急起来，一边恐惧自己嫁不好，一边到处"相亲"。殊不知，这种走马观花式的相亲效果并不理想，导致越急越乱，以至于失去了主见。其实，爱情是一种遇见，前提是我们要相信它，然后才能真正地遇见。

关于爱情有一个说法：上帝在造人之初，人类是没有性别的，所以他们就没有烦恼。上帝看到这种情况，就把人类分成两半，让他们终生去寻找自己的另一半。从此人类才有男女之分，有了爱情和寻找，还有随之而来的烦恼和失望。

既然命中注定每个有都有自己的另一半，那些所谓的"剩男剩女"们就不必担心，只要心存美好地等待爱情的到来就好了。中国作家协会主席铁凝便是静心等待了 50 年，最终才迎来生命中那个对的人。

　　2006 年 11 月，铁凝当选新一届中国作家协会主席，当时这位四十九岁却未嫁的"美女主席"的婚姻和情感问题也成了各个媒体关注的热点。

　　"我不是独身主义者。"当时，接受《南方周末》记者专访时，铁凝如是说："我对婚姻也有好的期望，可我从来都是做好了失望的准备，因为我觉得做好了失望的准备，才可能迎来希望。但可能我准备得还不是特别充分。"

　　事业上一直成功的铁凝情路坎坷，虽然不乏追求者，但是在一次又一次的情感经历中，真正让她下定决心要走进婚姻的那个人却一直没有出现。

　　1991 年 5 月的一天，铁凝冒雨去看冰心。"你有男朋友了吗？"冰心问铁凝。"还没找呢。"铁凝回答。"你不要找，你要等。"90 岁的冰心老人说。这是她第三次看望冰心。第一次是 1983 年，第二次是 1986 年。

　　铁凝说，我一直记得她说给我的话，"你不要找，你要等"。她的话在我听来充满禅机。一个人在等，一个人也没有找，这就是我跟华生这些年的状态。对爱情要有耐心，当然期望值不必过高，但不要让希望消失，我想是这样。永远不要放弃自己的期待。

　　铁凝坦言自己本质上是个很保守的人，生活中更像个家庭妇女，平生的一大爱好就是做家务和做菜。从前在外面吃到一个菜，一定要研究怎么做，然后回家自己做一遍。她至今仍记得第一次在四川吃到麻辣水煮牛肉后，照葫芦画瓢做给家人吃时心里的满足感，"这种感觉很好，我真的很喜欢。"

直到铁凝遇到经济学家华生，两人在慢慢接触中感觉和确认彼此就是要寻找和等待的爱人时，铁凝对爱情的预设和标准都变活了，而且当真正的爱情降临，一切都显得那么落花流水。婚姻是爱情的归宿，爱情达到一定程度，就需要婚姻这个形式。婚姻家庭既是物质的承载，也是心灵的港湾。

让铁凝下定这个决心的是她和华生跟朋友的一次旅行。那几天铁凝和华生常常一起去听评弹，听《杜十娘》，也听《太湖美》，但是真正打动他们的，是根据陆游和唐琬的词改编的古曲《钗头凤》。

台上一男一女两个艺人，端庄、清雅和凛然，他们的吟唱深切哀婉。

台下两个心怀爱情的中年人，听着陆游和唐琬的爱情绝唱，听到"内心温湿柔润"。

正是这次旅行，让华生与铁凝都有着更多的惊喜与惊讶。原来他们有着那么多奇妙的共同点，包括价值观，甚至对文学的喜好，生活习惯，晚上都喝粥，都喜欢走路……诸如此类。这些习惯没有也没关系，但是正好他们都有。铁凝特别讨厌抽烟，华生也不抽烟。铁凝的职业是写作，华生最喜欢、最享受的事是阅读……

虽然铁凝作为作协主席，也算身居高位，但是结婚是要组成一个家庭，不是一个机构。所以，铁凝的大气与女人味，以及她与华生的心灵相通，价值观和生活态度的契合，也是她决定与华生结婚且幸福的前提。

2007 年 4 月 26 日，铁凝和华生各自取了户口本出门。跟很多人一样，他们要赶在"五一"长假之前，到户口所在地办理结婚登记。

出发之前，铁凝从办公室出来，先回家换衣服。时间紧张，北京交通拥堵得厉害，赶到婚姻登记处，那儿已经快下班了。去的时候没带糖，临时让司机去买，把喜糖送出去以后还剩一些在车上，铁凝说：我们自己也吃一块糖吧。然后跟华生、司机三个人一起吃了两块巧克力。

有人预先跟办理登记结婚的人打过招呼，告诉他们不要询问，也不要接受媒体采访。登记处的人并不知道来办理结婚登记的是什么人，因为经常有公众人物来办理结婚登记。他们只是静候在那里，认真履行自己的职责。

婚姻登记的过程很正规，双方确认结婚意愿，填注表格。结婚证的工本费是9元钱，铁凝和华生都没有零钱，铁凝跑出去跟司机借了10元钱。钱交了，结婚证拿到手里。办事人员跟铁凝和华生握手，说："祝贺你们。"

坐在返回的车上，铁凝情不自禁地说了一句，啊，我结婚了。

在宴请亲朋好友的仪式上，铁凝幸福的评价华生："这个人就是我要找的，是我一生要跟他相依为命的人。"

如今，铁凝收获了完美的爱情。她坚持认为爱情是需要缘分的，如果没有等到适合那个人，她宁愿独身。她一直认为，与其走入一个坏婚姻，倒不如不要。就这样她一直等了很多年，等到自己不再年轻，但她从未后悔。

铁凝半生等待，才守得爱情的花开。一个女人能够拥有这样完美的优雅恋情，实属不易。如果能够有幸拥有，自然要去好好珍惜。一对优雅的恋人，不论从外表还是内在，都能做到让对方感到舒适，而不是时刻处于紧张的状态。想要与这样的完美对象相遇，先让自己成为一个优雅的爱人吧。

每个女人都渴望幸福的婚姻，但是在爱情没有到来之前，请耐心等待，不要着急。如果随随便便找一个人度过人生，恐怕最终你也要为自己这种不明智选择付出惨痛的代价。一个人生下来，就有另外一个人在等待着与之相遇。抱着这样的信念，就不会被暂时的感情失败所打倒。

正在爱情外徘徊或是经历了爱情失败的女人，一定要相信，在下个路口，你将会遇到那个与你交换着信任、热情和梦想的人。所以，无论之前要走过多少弯路，相信有那样一个人在等待着自己，最后，一定是两个人牵手一起到达幸福的彼岸。

青春橄榄树上刻满的思念

生活中，女人总有太多的抱怨，太多的不平衡，太多的不满足，犹如一个被宠坏的孩子，总是向生活不断索取着。越是拥有，越是担心失去。生活中的很多东西一旦失去，便不容我们找寻。

有时幸福就像手心里的沙，握得越紧，失去得越快。有时幸福就像彼岸的花朵，隐约可见，却无法触摸。年轻的女人往往不懂如何守护爱情，即便是遇到了相爱的人，却因无知或任性错过了，因此便留下永久的遗憾，那棵青春的橄榄树上挂满了思念。

那一年，她和他都处于青涩的年华，一个是长发飘飘的 17 岁的女孩，一个是刚刚成年，初长胡须的 18 岁男孩。他是美丽恬淡又能歌会舞的云南姑娘，他是来云南亲戚家度假的北京少年。一个下午，就在小镇的某个街道上，突然相遇，彼此喜欢了。

她带他走遍小镇的每一个角落，介绍当地的风土人情；他讲述都市的繁华与绚丽，两个人心照不宣却又默然相爱。羞涩到谁都开不口说出那三个字。

他觉得那年的假期格外地短，仿佛昨天刚来，今天突然就要离开了。但他不得不离去，因为他回北京读大学了。

临走时，她悄悄地站在送别的人群中，看他离开。他走到她身边，往她手心里塞了一纸条，然后迅速离开。

她小心翼翼地展开那张粉色纸条，上面写了一句话："我会等你，你来，是我生命的花树绽放，你不来，我的青春里满是思念。"随后，又附上他家的地址，北京某个街道某个门牌号。

她心是一阵窃喜，更多是激动，因为这是她收到的最为动听的情书。

就这样，他回北京读大学，开始了多彩的大学生活，多了一分对远方的期待，期待她的来信，期待有一天她会突然出现在这个学校里。

那一年，两人鸿雁传书。

她还有一年才高考。没有多余的时间写信给他，一个个寒冷的冬夜，在别人休息之后，她点着蜡烛，借助微弱的灯光，趴在床上向他诉说自己的思念。因为有了他和他每周必到的信，那个冬天是她人生最温暖的一个季节。每日黄昏，她去学校门口等着邮递员，等着她的幸福心事。

一个少女朦胧的爱情和牵挂，全与北京的那个少年有关。那张粉色纸条，因为有了他的地址而变成珍宝，她东藏西藏，生怕弄丢。

临近高考的一天，她在紧张的学习还是照倒写信给他。有天夜里，她实在太累了，写着写着睡着了，蜡烛竟然点燃了被子，所有的书都被烧光。学校以影响违反规定为由，拒绝她参加高考。

情绪低落的她，只好去一个偏僻山区教小学，后来遇到现在的先生，结婚生子，也与他失去了联系。

他收不到她的信，以为她在紧张地准备高考，因为他们约好了，要在一个地方上大学。

又一个暑假过去了，他没有等到她的人，也没有收到她的信。

他写信的地址已经以"查无此人"退回了。他想也许她不再爱他了，有了更好的生活。

四年后，他也毕业了，又恋爱了，结婚了，当然对方不是她。

八年后，他在北京有自己的公司，还有可爱的孩子。

虽然时过境迁，可他留着那些旧信。甚至，他常常喝醉酒后读那些旧信，虽没有山盟海誓，可那一字字一句句全是真情啊。如果仔细看，还能看出上面的眼泪，是的，那是她当年的相思泪！

当年她忽然不再回信，也从没来上海找过他，他想，少时的初恋，只是一段过眼云烟吧。

那么漂亮的女孩，学习成绩又如此优秀，肯定考了名牌大学，身边多是优秀男人追求，她怎么还会千里迢迢来找他？

十年后，他的事业做大了。他有机会在云南设立分公司。分公司开业的那天，他想亲自去云南剪彩。

坐上飞机的刹那，他想起十年前自己坐火车来云南，想起走时她站在人群中，那不舍的眼光，心里软软地疼着，惆怅不已。

他想见她一面，不为别的，仅仅是想见。

终于找到了她，她也过得很好，嫁了一个中学老师。她真是老了，不如以前好看了，脸有些微黑，特别是左侧。

见面之后，两个人竟然出奇地平静。他想原来自以为的刻骨铭心，不过是心清心明。

他们一起说着孩子，说着自己过的日子。她在当地一个工厂当工人，并没有上大学。他没问原因，她也没说。

临走时，他还是忍不住问，"当年，我曾给过你粉色的纸条，上面有我的地址？你弄丢了是吗？"

她没有说话，慢慢地打开手包，拉开内层的拉链，拿出一个蓝色的小布袋，抽出一个折叠得整齐的纸条。他晃了一晃，他以为她早就忘记了，没想到她如此珍藏着。

"当年，为什么不来找我？"他问。

她平静地注视着他，半晌无语，不肯回答。他却执意想要一个答案。

"十年了，我想知道原因！"他追问着。

"因为——爱。"她答。

是的，因为爱，她没能兑现他们的诺言，没有上大学，她不想成为他的负担，她爱他，所以希望他以他喜欢的方式生活，她独自一人默默饮着这杯机缘错失的苦酒。

"一切总会过来的，看，现在不是很好？"

回来的飞机上，他一直握着那张粉色的纸条，那是他给她最初的爱情承诺，她宁肯错过美丽的爱情，也不愿在生活中连累他，却又一直珍藏这份青春的记忆。

他把那个粉色纸条轻轻地放进了垃圾筒里。他知道她会同意自己这样做。因为他们隔着青春岁月，都将那个地址放在心里，在心里，始终有一条通向彼此的路径。只是现实中，他们再也回不去当初了。

不是所有的爱情都能白头偕老。不是所有的婚姻都如西瓜待熟，全是殷红蜜意。有时候我们正是因为相爱才放开对方，哪怕心中充满思念。所以，很多时候，我们对过往的思念不是某个人，而那段美好的青春时光。

　　幸运的是，我们身边始终会有一个人，爱我们百般纠结的灵魂，爱我们衰老了的脸上痛苦的皱纹。无论如何，我们还是要相信爱情，请相信未来，尽管我们最终没能与那个人在一起，但那段时光却给了我们别样的温暖，充实了我们的青春。

别因爱弄丢了自己

　　日常生活中，我们会常常听恋爱中的女孩抱怨："我爱他爱得已经不是自己了，为何他始终像一块焐不热的石头，无动于衷呢？"的确，爱情本身没有错，可如果爱一个爱得丢了自我，那就可悲了。

　　身为女人，我们不要因为恋爱和婚姻而迷失自己。如果当我们失去了当初的自信、乐观、积极的个性时，对方当初正是被我们身上的这些优点所吸引，现在的你还有什么值得对方欣赏的优点呢？

　　在婚姻或恋爱是，我们可以深爱，努力爱，却不要迷失了自己。无论你有多爱他，都要记住：在得到爱的时候，不要丢了自己；在失去爱的时候，才不会失去自己的生活。永远不要对爱情付出十分的精力，留给自己的那三分爱情以外的空间，有时候会比爱情更多彩。

　　思琪喜欢上了一个男孩，处处听他的，男孩说一，她绝不会说二，男孩说往东，她绝不会往西。跟男孩在一起后，总是思琪照顾男孩的生活。思琪每天下班后，总是忙着买菜，洗衣做饭，清扫卫生。而男孩下班不是与朋友出去玩，就是宅在家里打游戏。

　　思琪为了讨男孩的欢心，一向淑女打扮的她每天换一个造型，穿上哈韩的衣服，脚上穿上轮滑鞋……这样的形象让身边的朋友和同事看到了都觉得很滑稽。男孩喜欢骨感的女孩，原本就不算胖的思琪，为了达到男友的要求，也为了自己的爱情，拼命地减肥。每天饿得发晕而不吃饭，她的体重受到男朋友的控制，多一斤都不行……

　　思琪觉得只要男孩喜欢，自己怎么做都行。既然爱他就要包容他，只要能跟心爱的人在一起，辛苦也是幸福的。她甚至以为对男孩百般的迁就退让，一定可以感动他，并能换回男孩对她全心全意的爱。

　　其实，这样的爱情注定会不欢而散，因为这个男孩喜欢的不是思琪这个人本身，而是她的打扮和的身材。时间长了，思琪的迁就依赖，反而让男孩觉得她没有任何可爱之处，甚至越来越厌烦。

　　不久，男孩就又交上了另一个女朋友，思琪委屈地质问男孩原因，男孩反而嚣张地说："你不是说我喜欢的你就喜欢吗？所以你应该和我同样喜欢我现在的女朋友。"

　　此时，受尽了侮辱的思琪才明白，她的爱情从来没有赢得男孩的尊重，她用心的付出在别人看来，不过是自己的一厢情愿。

　　由此可见，在爱情中丧失自我的后果，只能任男孩白白享用她的付出，最后再将她的真心百般践踏，一脚踢开。人总是渴望爱情，追逐爱情，也最容易在爱情中迷失自己。恋爱中的人渴望能够爱他多一点，尽情地打扮着自己，按照他喜欢的样子打扮自己，按照他喜欢的方式去生活，以为这样就是爱他的表现。

　　恰恰这不是爱。爱情是爱和爱的表达，别总想着"他怎么样说、他怎么想"。真正的爱情不是建立在讨好的基础上，而是发自内心的喜欢，建立在彼此尊重，彼此平等基础之上，而不是一味地去迎合对方，将自己的生活弄得"黑白颠倒"。

热恋中的女人常常有一种盲目的献身精神，在自己的幻觉中，心甘情愿地为男友做任何事，认为为所爱的人付出一切是理所当然的。对于自己的行为，即使明知是不理智的，也总是要找出各种理由来进行辩解。最终，在热恋中昏了头，干了荒唐事，还以为是为了爱情，真是可悲。

李玲在刚刚20岁的时候，认识了吴双，两人很快就陷入热恋。在李玲眼里，吴双英俊潇洒，温柔、体贴，吴双的出现给李玲的生活带来了喜悦。

但这个吴双是当地出了名的"恶棍"，曾因为打架滋事，多次被公安机关处理。后来，吴双动起了抢劫的罪恶念头，并且多次得手，然后用抢劫来的钱挥霍。一次，在抢劫一位老人时，由于老人拼命抵抗，吴双竟然用铁棍狠狠地击打老人头部，老人当场死亡。

李玲在知道这些事后，竟然表示要对爱情忠贞不渝，发誓不离开吴双，还帮助吴双东逃西躲。当吴双的父亲知情后，要儿子去自首，李玲甚至还跪在未来的公公面前，求他别这么做……

最后，吴双落网，被判处死刑。李玲也因为包庇罪，判了三年有期徒刑。

事后，李玲追悔莫及。

当女人陷入恋爱的旋涡中，很容易失去理智，对人物的判断以主观好恶为标准，常常不由自主地将对方过于理想化，再也听不进任何忠告、劝阻了。俗话说"情人眼里出西施"，对热恋中的对象，女人们往往爱得盲目，只看到优点、长处。即使恋人有些什么缺点，在她的眼里，都成了优点。

希腊有一句名言说："感情必须温暖理智，但理智必须诱导感情。"也就是说：当你在爱上一个人时，在感情上会有一股冲动，但是你必须要理智地处理自己的恋爱。

心理学家发现，在夫妻关系中保持自我是幸福婚姻的秘诀之一。许多人结婚后不仅放弃了自我，也要求对方放弃自我，要求两个人融入一个为婚姻而建立的"第三体"中。就好像有的女人每次买衣服，首先考虑的是丈夫会不会喜欢；更有甚者，有些妻子开口闭口都是"我丈夫说的"，凡事都拿不了主意。

心理学认为，这种为了爱而牺牲自我的做法是不可取的。它不仅违背了双方因"个性"所吸引爱情的初衷，而且失去自我会让个性感到压抑和束缚，而真正的爱是一种包容，应该给彼此自由。最后，始终沉迷于爱河、眼中只有你和我，这种感情也是脆弱的，不能经历风雨。

有位作家曾在她的书中说道："但当他要求你所做的改变让你感到不愉快时，你必须要足够的勇气和智慧对他说：'谢谢你的建议，但那样做有违我的本性。'"相爱是应该互相迁就，互相体谅，但绝不是无条件的顺从。女人不要在爱情中迷失自己，别因爱丧失了自我，要爱得独立，爱得自尊。

给爱情一颗淡定的心

现代人的爱情已经充满了浮躁和刻意，很少女人追求两颗心之间淡淡的吸引和深深的眷恋，而越来越多的女人看重的是物质基础是否足够有丰厚。正如有人"宁愿坐在宝马车中哭也不愿坐在自行车后面笑"，他们在乎是除了情感之外的一切有形的利益。

爱情在这个时代似乎成了一种奢侈品，令我们可望而不可即。事实上，我们却忽视了一个简单的道理：最经典、最浪漫、最深情不渝的爱情永远来自平淡的生活，淡定的心态。我们也许会羡慕别人华丽的爱情，但过于绚丽的爱情往往只是昙花一现，不能长久。爱的最高境界是要经得起平淡的流年。

方鹏和赵倩是大学同学，但他比妻子大两届。毕业后，他进入了一个保险公司，妻子却顺利进了一个学校做教师。他们原本是一对甜蜜的小夫妻，共同负担一套小户型的房子。每天上班下班，日子倒也过得温馨。这种平淡的生活却因为妻子赵倩参加了一次同学聚会而打破了。

一个周末，赵倩高高兴兴去赴大学同学会，出门前还跟老公吻别，并因聚会没能陪老公过周末道歉。可晚上回来，老公发现妻子赵倩像变了个人。没有像平常兴奋地给老公讲聚会上发生的趣事，却什么也没说，一脸的心事，直接洗漱就睡了。

当时，老公以为妻子太累了，并没有在意她的情绪发生了变化。直到第二天早上，方鹏做好饭叫赵倩吃饭，才发现妻子两眼红红的，看起来是哭过了。无论方鹏怎么哄怎么问，妻子就是不说话。

更让方鹏意想不到的是，第二天早上准备出门上班时，赵倩竟拿出一份离婚协议书，要他签字离婚。"为什么要离？赵倩，你从同学会回来就不对头，是不是和哪位男同学好上了。"方鹏冲动得口无遮拦。见丈夫这样质问自己，赵倩情绪十分激动，甩门进卧室，翻出行李箱收拾衣服，打算离家。弄得他只有丢下一句"你别走，我走还不成吗？"就离开了家。

冷战了几天，方鹏总住单位也不是回事。他想回家看看妻子的态度好些没？没想到一进家门，妻子又重提离婚的事。方鹏实在弄不懂了，这日子过得好好的，自己也没有做错什么？妻子为什么要离婚？

可赵倩就是不说，方鹏只得求助于妻子最好的朋友木子。木子见到方鹏就明白了来意。她对方鹏说："其实这件事，你们俩没错，错就错在她的那些同学混得都太好了。"方鹏还是不明白，示意木子进一步解释。事情原来是这样的。

在同学会上，赵倩看到那些在学校专业知识不如自己的同学个个都比她强。别人都是开名车、穿名牌。尤其是她那几个室友，个个都因嫁得好而过上奢华的生活，包包是 LV、香奈儿，衣服是 BCBG、范思哲，连手机都用苹果牌。甚至有个同学结了婚又离了再找，现在开着奔驰来同学会。

可一想到自己，和老公每个月只有 6000 多元的工资，除去房贷，日常开销，所剩无几。自从结婚，她甚至都没有买过一件像样的衣服。于是，她越想越觉得自己悲哀，活得窝囊。

聚会结束时，那个开着宝马的室友要送赵倩回家，赵倩拒绝了。她站在拥挤的公交车上，望着夜幕下的这个城市，她觉得自己真是委屈。想当初她们这些人都不如我，她在班上算得上数一数二的美女，成绩又好，怎么也不比人差，可 4 年过去，不如自己的同学，找到有钱老公，比自己过得滋润得多。

到了家门口，赵倩打定了主意，别人可以离了婚再找合适的，自己为何不趁自己年轻还有机会，离了婚再找，人生将会是另外的模样。但一想到，老公虽然挣钱不多，对自己可真是体贴有加，况且他又没做什么对不起自己的事情。所以，她决定什么也不说，只提出离婚。

　　方鹏听完妻子离婚的原因，更加无措了，他确实不能给奢华的物质生活，但他是真的爱她，况且还有可爱的儿子。

　　赵倩之所以想要离婚，主要是看到了别人的生活，禁不住物质方面的诱惑，于是，她的心开始焦躁不安了，以前的平淡日子再也感觉不到温馨了，心也不再淡定了。事实上看到同学比自己过得好就想要离婚，她对婚姻的态度就不够严谨。

　　婚姻不是我们炫耀的资本，爱情也不是用物质的多少可以衡量的。在生活中可能还会遇到其他各种各样的诱惑，总不能因为靠一次次的离婚来换内心的虚荣吧。也许我们的爱情虽然算不上绚烂，可是平淡中不免感动！请给爱情一颗淡定的心。

　　人生是一个漫长的过程，我们应心态平和地看待婚姻和爱情，要用平常心看待别人的奢华，珍惜自己的生活，才不至于"人比人气死人"，因为光鲜的生活也有烦恼，也有压力，自己生活中的快乐也许是别人没有甚至渴望的。

　　因此，我们要细细去体会婚姻和爱情，只需淡淡地面对，静静地渗入彼此的生命，那份温暖淡定的爱将会永恒。如果女人想收获幸福，你的心灵就必须拥有一份淡定，唯有淡定，才能让你的内心安静下来，才能明白其实这也是生活万千滋味中的一种。

优雅地爱，优雅地被爱

每个女人的心理都会渴望一份完美的爱情。为了完成爱情的梦想，有的女人爱得卑微，以至于丧失了自我，有的女人却从容、淡定，爱与不爱时都那么优雅。做一个幸福的女人，就要优雅地爱被，只有这样，才能真正感受到爱情的那份美好。

所谓优雅地爱与被爱，并非是摆出一副满不在乎，好像看破爱情和红尘似的模样，而是当爱情来的时候，善待它；当爱情不在的时候，留下美好回忆，自己治愈自己，然后继续相信幸福总会来临。

很多女人都有一个向往，那就是像赫本一样优雅。其实赫本不仅衣着优雅，而且爱得更优雅。

赫本情感之路走得并不顺畅。但即便如此，赫本对待爱情始终怀着一颗执着的心。每一段恋爱、婚姻她都投入全部的真心实意。幸好她在最后的岁月遇到了"灵魂伴侣"罗伯特·沃德斯，两人虽未成婚，却一直陪伴她走到生命的尽头。

赫本一生中只有一次短暂的婚姻。1928年，她曾与一位名叫勒德格·史密斯的保险经纪人结婚，因他长期在法国的格勒布尔读书，这桩婚姻只维持了几年，二人就劳燕分飞。

当赫本与屈赛相遇的时候，他早已在1923年与路易丝结了婚，并且是两个孩子的父亲，抛弃妻子和残疾儿子去与另外一个女人结婚，他认为这是大逆不道的，他会有深深的负罪感。尽管他深深地爱着赫本，并且很早就与妻子分居，但他永远也不会做离婚的事。赫本清楚地知道这一点，所以从来也不对屈赛提出这种过分的要求，也不在他面前流露因他拒绝离婚给自己带来的伤害和痛苦。

在屈赛逝世前的日子里，只有赫本陪伴这个孤寂、饱受灵魂摧残的老人。屈赛是在情人的怀里闭上眼睛的。他在遗嘱中说，他将所有的遗产都留给妻子和孩子，而给赫本留下的，只是那些美好的回忆。

赫本与男影星屈赛缠绵相爱了 26 年，但这对有情人最终也没有成为眷属。有人说这是赫本人生中的一大憾事，但她却说："我从来就没想过要嫁给他。"

人生的后二十年，赫本几乎都隐居在瑞士一个小镇上，她从不像同时代的女星，要竭力保持美貌，如非必要，她不化妆，"我希望你不要介意，因为这是我的时间。"她对来访的人说，平时她不戴珠宝；她毫不犹豫地把从前名动天下的衣服全部送人；她甚至不戴手表，但是从来不会迟到，她有一种天生守时的本性，"我不想自己慌张匆忙"；她喜欢吃，尤其喜欢吃巧克力，但"绝对不会过量"；她平时穿合身的衬衣、牛仔裤；她喜欢花，会在花园待上一整天。天气好的时候她会招呼朋友们在院子里吃饭，走道上紫色薰衣草香扑鼻，四只小狗疯狂地奔跑……

在两场灾难般的婚姻后，选择了小自己很多的荷兰商人罗伯特，他是她的老友，也是灵魂伴侣，他们一直没有结婚，她十分满足，"人生峰回路转，何其有趣，如果我们在 18 岁时相识，我可能永远不会欣赏他。"

在 1980 年冬天，奥黛丽·赫本遇到了罗伯特·沃德斯，他们在赫本的好友康妮·沃尔德比利弗山庄中的家中相识。那一年，赫本51 岁。

当时他们两人都是伤心人。罗伯特还处在失去妻子梅莉·欧毕朗的悲痛中，赫本倾听、分担着罗伯特的思妻之情。这是赫本和罗伯特第一次坐下来谈心。"赫本与沃德斯是注定会相遇的。"康妮后来这么说。

他们一见面就被彼此吸引住了。赫本的容貌和气质让罗伯特想起了亡妻。赫本和罗伯特都经历了感情的创伤和第二次世界大战的炮火。他们都有荷兰血统，同样的荷兰人气质增加了彼此的吸引力。他们同样敏感，与陌生人相处时总是小心翼翼，一旦彼此熟悉之后，就会显露出幽默风趣的一面。

1981 年，罗伯特住进赫本在瑞士的家，开始他们的同居生活。在赫本生命最后的 12 个年头，她都与罗伯特生活在一起。他们在很多方面都很相似，但他们并不是完全的举案齐眉、相敬如宾，生活中偶尔也会发生气氛紧张的小争吵。好在，他们都是温和、谦让的人，在爱与宽容的大前提下，他们不会任由争吵升级。

罗伯特像大部分男人一样不喜欢商场："哦！我受不了逛街，待在店里我会疯掉。"赫本也不勉强他。她让罗伯特待在露天咖啡座，喝咖啡看报纸，自己就放心去逛商场。她也会为罗伯特挑选合适的衣服和配饰，把他打扮得更加帅气。

在爱情中，赫本唯一懂得的就是无怨无悔地付出。即使感情消逝，赫本也从来没有失态过，或者喋喋不休地说着自己受的委屈和前任伴侣的罪行。她所表现出来的胸怀和气度，以及对真善美的不懈追求，这股来自内心的力量，反映到她的外在，使她成为一名即使失去爱情，也保持住优雅风范，应该得世人尊重的公主。

赫本优雅的本质在于，她拥有完全的自我、独立、自重以及尊重他人，套用赫本最爱的印度诗人泰戈尔的话：每一个优雅女人的存在都是上帝在提醒我们，这世间还有希望。

第七章

诱惑向左，幸福向右

纵有百般诱惑，心亦如遇波澜而不惊

女人要有面对百般诱惑不动心的淡定，无论遇到多大挫折也不失色的意志。的确，生活里，总是存在着这样那样的诱惑，这些诱惑扰乱着很多女人的思维，进而影响着她们的判断力。一个女人如果没有自制力，任由冲动和激情支配，那么她可能会放弃道德，随波逐流，最终成为追逐欲望的奴隶。

张静是一家广告公司的部门经理，在这个公司，她从一个小小的职员做到如今的职位，已经工作了五年了。尤其，最近半年来，她带领着整个设计部完成了一个又一个优秀的创意，为公司开拓了

几个大客户。

她觉得自己付出了很多，公司给予的报酬与她期待有较大的距离，心里多少觉得有些不平衡。恰巧这时，有一个客户要求张静给她做设计，暗示可以给她一笔可观的费用。就这样，张静就利用公司的材料，自己偷偷做私活赚外快。

果然，设计完后，客户给了她比自己工资高出两倍的费用。张静感到了甜头，开始私自接活，看着她忙忙碌碌的，公司的工作却交给了手下人去做，一心干私活挣外快。一心不能二用，张静的心思放在公司方面越来越少。

设计部的工作效率越来越低，与公司合作的客户也越来越不满意。总经理虽然不知道原因却还是批评了身为经理的她，张静心里颇不舒服，但也只得把心思转移到公司方面。

这时，与张静私下合作的一个客户着急要一个设计，张静却身无分身术，但又不想失去这笔可观的收入。于是，就顺手把同事设计的一个创意给了这个客户。

不久，在一次广告创意招标中，对方客户和张静所在的公司均以同一个设计方案而竞标。公司一怒之下，开始彻查。事实调查清楚后，张静以剽窃他人创意和私自接活为由，被公安机关拘留了半年，并做出公开道歉。

一边是唾手可得的私利，一边是损失集体利益，这诱惑让张静怦然心动！因一时的贪念，经不住诱惑，最终落下悲惨的下场。生活中，我们总是面对各种各样的诱惑，只有学会拒绝诱惑，真正做到面对诱惑内心波澜不惊，我们才能堂堂正正地行走在人世间。

在美国纽约有一家芭蕾舞团，一位国内女记者曾去采访该剧团的首席女芭蕾舞星。当时，这位女记者看到这位舞蹈家有着曼妙动人的身材，于是就问她："您最喜欢吃的食物是什么？"

这位舞蹈家兴奋地回答："冰激凌啊！"

冰激凌可是一种热量很高的甜食，特别不利于对身体的保持，吃多了将会导致体重的增加，这对舞蹈演员来说可是最致命的打击啊！一个爱吃的甜食舞蹈演员又是如何保持自己完美的身材呢？

女记者充满了好奇。于是，她又追问道："那你隔多久会让自己放纵一次呢？"

"我至少有 18 年没有尝过那种美妙的滋味了！"女舞蹈家微笑着说。

舞蹈家为了工作必须保持完美的身材，她竟然 18 年都不吃冰激凌这种甜食了。但凡那些做出伟大成就的人，往往在面对诱惑，心如遇波澜而不惊，他们清醒地知道什么对于自己来说是最重要的，什么是自己要舍弃的，就像冰激凌一样，再美味，也必须拒绝！当然，拒绝这种诱惑和贪念是绝对需要勇气的。

著名作家刘墉说过："年轻人要过一段'潜水艇'似的生活，先短暂隐形，找寻目标，耐得住寂寞，经得起诱惑，积蓄能量；日后方能毫无所惧，成功地浮出水面。"所以，如果我们要想做好一件事情，那么持之以恒，拒绝其他因素的诱惑、干扰，则至关重要。

1830 年，法国作家雨果与一个出版商签订合约，约定半年内必须交出一部作品，否则将按约定赚钱。雨果为了确保能把全部精力放在写作上，他把除了身上所穿毛衣以外的其他衣物全部锁在柜子里，甚至把柜子上的钥匙都丢掉了。

这样一来，雨果由于根本拿不到外出要穿的衣服，他彻底断了外出会友和游玩的念头，一头钻进小说里，除了吃饭与睡觉，从不离开书桌，全力以赴进行写作。

结果，作品在距离约定时间的提前两周完成。而这部仅用五个多月就完成的作品，就是后来闻名于世的文学巨著《巴黎圣母院》。

古希腊著名演说家戴摩西尼年轻时为了提高自己的演说能力，躲在一个地下室练习口才。由于耐不住寂寞，他时不时就想出去溜达，心总也静不下来，练习的效果很差。无奈之下，他横下心，挥动剪刀把自己的头发剪去一半，变成了一个怪模怪样的"阴阳头"。

如此一来，因为头发羞于见人，他只得彻底打消了出去玩的念头，一心一意地练口才，演讲水平突飞猛进。正是凭着这种专心执着的精神，戴摩西尼最终成为世界闻名的大演说家。

古往今来的智者贤者，之所以能够成就大事，莫不耐得住寂寞，经得起诱惑，安于平静，追求内心的纯净。因此，淡定的女人明白，要使自己的人生有所获得，就不能让诱惑自己的东西太杂多，心灵里累积的烦恼太乱杂，努力的方向过于分叉。女人要学会用定力抵制诱惑，让自己有暇思索人生、规划人生，让自己获得一份心灵的宁静！

化繁为简，回归纯粹人生

很多爱美的女人在出门前总是要进行一番细致的打扮，这个过程也许包含着很多复杂的程序，她们却乐在自中。完全不顾等待的人有多么焦急和无奈。事实上，这些所谓的繁文缛节很多时候是不必要的。

人生如果充满了这些枝末细节的琐碎，怎么可能有精力做重要的事情呢。因此，我们的生活和人生都需要化繁为简。"化繁就简"是节省时间人力的最佳方法，要训练自我成为能担当的通才，做事自然会简单化。在五光十色的现代世界中，应该记住这样古老的真理：活得简单才能活得自由。

住在田边的蚂蚱对住在路边的蚂蚱说："你这里太危险，搬来跟我住吧！"

路边的蚂蚱说："我已经习惯了，懒得搬了。"

几天后，田边的蚂蚱去探望路边的蚂蚱，却发现对方已被车子压死了。

原来掌握命运的方法很简单，远离懒惰就可以了。

一只小鸡破壳而出的时候，刚好有只乌龟经过，从此以后，小鸡就打算背着蛋壳过一生。它受了很多苦，直到有一天，它遇到了一只大公鸡。

原来摆脱沉重的负荷很简单，寻求名师指点就可以了。

一个孩子对母亲说："妈妈你今天好漂亮。"

母亲问："为什么？"

孩子说："因为妈妈今天一天都没有生气。"

原来要拥有漂亮很简单，只要不生气就可以了。

一位农夫，叫他的孩子每天在田地里辛勤劳作，朋友对他说："你不需要让孩子如此辛苦，农作物一样会长得很好的。"

农夫回答说："我不是在培养农作物，而是在培养我的孩子。"

原来培养孩子很简单，让他吃点苦就可以了。

有一家商店经常灯火通明，有人问："你们店里到底是用什么牌子的灯管？那么耐用。"

店家回答说："我们的灯管也常常坏，只是我们坏了就换而已。"

原来保持明亮的方法非常简单，只要常常换掉那些坏的灯管就可以了。

有一支淘金队伍在沙漠中行走，大家都步伐沉重，痛苦不堪，只有一人快乐地走着，别人问："你为何如此惬意？"

他笑着说："因为我带的东西最少。"

原来快乐很简单，只要放弃多余的包袱就可以了。

生活看似烦琐，其实很简单，因为人们不肯主动去发问，去寻求帮助，去体会合作与和谐之美，就使整个生命变得复杂。一句简单的提问，一个简单的思考，都可能令我们的生活大有改观，变得大为不同。

有人这样说过，"简单不一定最美，但最美的一定简单"。最美的幸福生活也应当是简单的生活。幸福的真谛就在于过简简单单，内心纯净的生活。

纵观世上的人，凡是过得幸福美满的，大多是知遇而安，没有太多欲望的人。可能他们钱不多、没有大房子、不能享受豪奢的生活，但他们照样有自己过日子的一套，不用花太多钱，却能达到同样的快乐，儿孙满堂，家庭和睦就是他们最大的幸福。所以人要懂得知足，知足者常乐。

赵薇是国内知名度最高及最具影响力的著名影视女演员、流行音乐歌手。最难得是她身处纷繁的娱乐圈，却坚持着最"简单"的生活哲学。

　　赵薇是一个水样女人。她快乐就开怀，悲伤就皱眉，不掩饰内心的杂质，亦不控制情绪的奔流。热闹时，她喜欢和朋友喝茶聊天；安静时，她会一个人读卡森·麦卡勒斯的《伤心咖啡馆之歌》。而身在娱乐圈的众人选择往自己身上加量、加价、加砝码的时候，她却掸落身上的风尘，化繁为简，重归校园。

　　当一夜成名的原点已经渐渐远去，赵薇也在经历了成长的烦恼后，笑对是非。出道十几年，赵薇已经练就了一套和这个世界打交道的办法——"面对复杂的情况，我会换上最简单的表情，做自己的事，不解释。"

　　说到爱情，赵薇喜欢《情人结》《夜上海》的爱情，"简简单单，相濡以沫，非常温馨。"生活中，她更像《赤壁》里的孙尚香，有点豪情、有点性情，更有很多柔情。

　　赵薇说："有些人认为简单是不过脑子。我觉得恰恰相反，能简单地处理问题肯定是一种生活智慧。别想太多，好多东西都和你没什么关系，比如我拍戏，我不会想票房、不想得奖，因为那样拍戏的压力就会大，就不能专注。专注地做一件事情，就会简单。"

　　这就是赵薇最"简单"的生活哲学，就像水总会奔流到海，而简单处事，亦是所有问题的原点和终点。化繁为简是一种生活的大智慧，如果有一种东西，舍弃烦琐华丽的包装和复杂艰涩的方式，仍能够带给人优质体验和愉悦心情，那一定是真正的好东西。

　　做人也是同样，简单质朴的外表之下，未必是平淡无趣的心

境。有时候不是不可为，而是不为。随时随地能够从繁华中跳脱出来，让自己变得简单，你的生活就会变得很快乐

女人，请不要沉浸在生活的细节末梢中，不要徘徊在无聊的琐碎事务中，请卸掉不必要的包袱，轻松上路，只有这样，才能走得更远，飞得更高。

为欲望选择方向

有人说："生死根本，欲为第一。"欲望，是人性的组成部分，是人类本能。从人的角度讲是心理到身体的一种渴望、满足，是一切物质存在必不可少的需求。但是欲望可以使人成功，也可以使人失败。

欲望是幸福的敌人，所以知足者常乐。调查表明，不与别人比高低所带来的幸福是高收入所带来的幸福的 5 倍。 聪明的女人不会任欲望膨胀迷失自己，而是为自己的欲望选择一个正确的方向。

有一个女孩儿，从小妈妈就交给了她一条黄金法则："人可以有欲望，但一定要有正确的方向。"女孩的妈妈每周都给农场主的小旅店代洗衣服，报酬仅五美元。一个周六的晚上，女孩儿像往常一样替妈妈去小旅店领取工钱。

农场主手里拿着打开的钱包，里头装满了钞票。女孩直直地看着那叠钞票，农场主没有像往常一样训斥她，而是立即从里面抽出一张给了她。

她急忙从他那儿走出来，到了路上，她停下来用别针把钱小心地别在围巾的皱缝里。这时，她发现一件令她无比喜悦的事情，农场主给她的钞票不是一张，而是两张。

　　"这是我的，全是我的。"她的第一反应是为得到这笔意外之财而感到高兴。她心里想："我要给妈妈买一件新的斗篷，妈妈可以把她那件旧的给姐姐，这样姐姐明年冬天就可以和我一起开开心心地去学校了。也许还能给弟弟买双鞋子呢。"

　　她笑着，跳着，往家里赶。她的耳边响起妈妈的话："人可以有欲望，但一定要有正确的方向。"

　　她的心里开始挣扎，这无疑是一个极大的诱惑。她在这条路上来回地跑，试图让自己平静下来。

　　她用尽全力，抵制住心底那个诱惑的声音，把多出来的钱交了回去。

　　就这样，女孩一直坚持着这条原则，面对诱惑，保持淡定，为自己的欲望设定正确的方向，女孩获得了多少人可望而不可即的巨大成功。

　　她，就是美国亿贝公司前首席执行官梅格·惠特曼。

　　车尔尼雪夫斯基说："生活只有在平淡无味的人看来才是空虚而平淡无味的。"当所有尘埃落定，所有的激情都会化为平静，生活、爱情和人生终归演绎为平平淡淡，如一朵平实淡定的菊开在如水般纯净透明的生命里，每一个花瓣都散发着清淡的芬芳。

　　不畏浮云遮望眼，以一颗清醒淡雅的心面对诱惑，耐得住寂寞，守得住清贫。控制欲望才能形成超然的人生态度，引领我们穿越人生的丛林去看那清明如镜的小溪水，心底无私天地宽。一切都能云淡风轻，快乐，皆源自于自己的心。

如果，女人，你能为你的欲望选择正确合适的方向，你将发现，人生不再彷徨，依然超然常伴。

通常，女人最看中的是爱情和家庭，可以想象，在爱情上，女人想要的或许永远比男人多。牛郎织女的爱情，之所以美好得令人感动，是因为这一段爱情干净而纯粹，没有夹杂任何的欲望。可是，一段都市中的爱情，女人有太多的欲望，并不是因为不懂得节制，而是因为缺乏安全感，或者是男人没有给她足够的安全感。女人，在爱情中，一定要擦亮自己的眼睛，给自己的欲望找到正确的方向。

Coco 和男友从大学到现在已经在一起五年多了，非常相爱，可是她最近打算和自己的男友分手了。分手的原因很简单，为了房。

Coco 的男友家境比较差，可她的父母开出条件说，最起码要买了房才能同意女儿结婚。男友工作很努力，也很节省，估计再有三年就能凑齐首付，但是 Coco 已经二十六岁了，三年之后将近三十岁，她不知道自己还能不能等下去，也不知道自己等到最后，会不会是面临房价飞涨、货币贬值，或者她的男友变心，找了更加年轻漂亮的女孩。

Coco 的男友很优秀，现在事业正处于起步阶段，前景很好，未来肯定会成功的。但是再优秀的男人成功也需要时间，Coco 的父母显然已经没有耐心继续等下去了，年初的时候下了最后通牒，半年之内买房，否则两个人就要面临分手。

转眼到了夏天，房子的首付根本凑不齐，她为了应付爸妈也去相亲过几次，甚至有两三个相亲的对象开出的结婚条件诱人得让她几乎要动摇自己的爱情了。

Coco 越来越迷茫，为什么和男友感情如此深厚，不想失去彼此，仍然免不了受到诱惑，是不是她变坏了。

　　而且大概是被房子逼的，每次男友对她说，他给自己的父母买了补品或者有其他花费，Coco 从心底里觉得不乐意。总觉得，不能为孩子准备婚房的父母已经够糟糕了，还总是没节制地要求儿子给他们花钱。所以她过年过节从来都不去男友家，不免从心里就排斥他的父母。

　　Coco 也知道这样是不对的，所以她从来没告诉过男友自己对他的爸妈有这样负面情绪，也觉得自己连"孝"都无法做到，不是一个好女孩的表现，但是这些观念她就是无法改变。

　　总之，由"房"衍生出来的一切生活问题都让她如此的烦躁和迷茫。

　　或许女人天生就是一个充满欲望的动物，所以在这个时代里我们的择偶观上有明显的欲望烙印。虽然说很多女人都坚信自己的爱情是干净而纯粹，没有夹杂任何物质欲望的，但是很明显的，那些用钱堆砌起来的法式大餐、昂贵礼物、浪漫旅行确确实实能帮助男人打动女人的心。

　　女人，或许天生是虚荣的欲望生物，想让女人完全的摆脱掉欲望，无欲无求似乎是不可能的事情。但是如果想 Coco 一样，为了自己的婚房，连男友给父母买东西都要介意，未免也太过自私了吧。

　　欲望无止境，女人，鱼和熊掌不能兼得，为自己的欲望找个正确的方向，指引自己在虚荣的苦海中到达洒脱的彼岸吧。

活在自己的心里，而不是别人的目光中

现实生活中，有些适婚的女孩往往喜欢把自己打扮得花枝招展，以引起男人注视的目光，当然，也有些婚后女人不惜花高昂的费用去做美容，企图留住自己不老的容颜，以赢得身边人的青睐。事实上，淡定的女人总是活在自己的心里，而不是被男人追逐的目光中。

人们都说男人是视觉动物，因此在男人的目光中，漂亮的外貌总是其谈资的重要内容。优雅的女不会因为受到男人的目光关注而迷失自己，她总是活在自己心里，从来不在意别人的眼中的自己；不会因别人的评价而影响自己的心情。

有一句很有哲理的名言：女人不一定长得漂亮，但是一定要活得漂亮。长得漂亮只是给人外在的美感，而内在的美更会打动人心，先天不足的，后天也可以弥补。

刘向园是一个长得一点也不漂亮的女人，唱歌也不是最好的，萨克斯和二胡表演得也并不是无懈可击。可她的精神却征服了千万观众，打动了尘世间的男男女女，宽容地接受她的不足和瑕疵。

刘向圆是 2009 年 9 月份《星光大道》的参赛选手，在周赛中遭遇 "黑幕" 屈居亚军。这个结果在观众间出人意料地引起了轩然大波，《星光大道》栏目组迫于压力和网友的强烈支持，"破格提拔"她，重登赛场。以唯一跨月挑战的身份，参加了 9 月的月赛，并成为月冠军。主持人毕福剑现场感叹道："这是 5 年来第一次看到的大逆转局面！" 随后，她开始积极准备年度总决赛。

刘向圆出生在河北省承德市宽城县东川乡东川村的一个农民家庭，这里被群山环绕，这一带的民间艺人非常活跃，刘向圆的父母也很喜欢文艺，经常在家里哼哼唱唱的。在父母的影响下，刘向圆很小就喜欢唱歌，经常对着大山吼唱。喜欢音乐的她先后向人学了吹喇叭、葫芦丝等乐器。

　　虽然刘向圆喜欢音乐，但功课并没有落下来。2005年，她以优异的成绩考上了河北省平泉师范学校，这本是一件高兴的事，可一想到那每年的6000多元学费，家人又陷入了深深的愁苦中。因为上不起学，刘向圆难过得直掉眼泪。父亲经过多方筹借，总算为她凑足了学费。

　　在学校，当别的女孩将自己打扮得靓丽光鲜、去逛街游玩时，刘向圆却在埋头看书。每次回家后，她仍不忘向叔叔伯伯们借来那几件乐器练习。在学校的一次音乐课上，刘向圆看到音乐老师弹钢琴时发出的优美声音后，心里升起一个梦想："如果我以后也能从事文艺工作，那该多好啊！"后来，她又接触到了萨克斯，对这个乐器也非常感兴趣。于是，为了音乐梦想，课余时间，她又学起了弹电子琴和吹萨克斯。

　　2007年6月，刘向圆临近毕业时，得知当地一家歌舞团招聘歌手和乐手，便去报名了。进行过文化课和专业课考试后，她又参加了面试。可面试后回去等消息时，却久久没有接到通知。刘向圆不禁着急起来，便打电话问一位招聘的负责人，对方遗憾地说："你文化课和专业知识没问题，歌唱得也不错，乐器也行，只是……你的长相……"

　　7月，刘向圆毕业了。因为形象及其他客观原因，她想做教师的愿望也没能实现。面对沉重的生活压力，她只好回到村里，到矿上做了一名仓库保管员。在这里，刘向圆主要负责回收"破铜烂铁"

等废旧物资，将它们保管好，并立上账。

做了仓库保管员后，刘向圆并没有放弃她的音乐梦想。然而，出于对唱歌和音乐的热爱，她常常对着空旷的仓库和那些冰冷的"破铜烂铁"唱歌。因为对文艺的热爱，后来刘向圆又参加了当地评剧团的考试，结果还是因为形象方面的限制，被拒之门外。

刘向圆依然很难过，但她并不气馁。她想，一定要练好唱歌和乐器，只要自己才艺突出，相信漂亮的外貌只能赢得人们一时的注目。只有实力，才能真正地征服一切，让自己翻身！她相信自己就像一棵压在石头下面的小草，只要努力向上生长，总有一天会掀起石头，面朝阳光！

此后，刘向圆还借来喇叭、二胡，在仓库里吹拉弹唱。为了买到一个心爱的萨克斯，她省吃俭用地攒了两个月工资。每当她站在仓库里唱歌时，似乎都能看到梦想在向她招手。

面对她的执着，村里很多人都不理解，开始热嘲冷讽。有的人说："女人一辈子就是得找个好归宿，她都20多岁了，该找个好人嫁了好好过日子，还唱什么歌啊！"也有人说："唱歌能当饭吃啊？而且她长得不好看，又不唱流行歌，能唱出什么名堂啊！"……

当这些风言风语传到她的耳朵里时，她觉得自己坚持梦想并没有错。刘向圆非常感激家人的理解，觉得自己应该努力改变命运，这样，才活得有意义。

后来，她在电视上看到《星光大道》节目，在家人的支持下报名参加。由于买不到一套合身的演出服，最后居然穿一身淡蓝色的工作服就上了台，跟一班俊男靓女在璀璨的大舞台上PK比拼，潇洒自如，没有一点自卑……

她多才多艺，萨克斯、二胡吹拉的如行云流水，她不卑不亢，朴实淡定。当"毕姥爷"恶作剧地宣布她落选后，她并不像其他选手那样失望至落泪哽咽，依然坦然知足："我能够过第一关就已经很满足了，真的很满足了，没有遗憾……"

经过一波三折的艰辛过程，她最终获得了星光大道年度总决赛季军。颁奖嘉宾话音刚落，观众席上便一片欢腾，他们为这位"贫民歌手"自豪。

她是矿上的一名仓库管理员，眼睛细眯成一条线，横量不短，竖量不长，邻居都说她长得不好看。但她不畏别人的冷嘲热讽，活在自己的心中，追逐自己的梦想，最终她取得成功，把梦想照进了现实。

活在自己心中，保持自己，尊重自己的生活方式，才能做自己想做的事情。才能把自己的能力发挥到最好。为自己而活，人生才会更加精彩。活在他人的世界里，只会扰乱自己的分寸，从而分散了自己本该用于思考的精力。人生迷失了方向，生命也会变得沉重。

杨二车娜姆在《长得漂亮，不如活得漂亮》一书中说，你如果长得很漂亮，你要加油，可不要变成一个花瓶，没有灵魂和内涵，即使漂亮也是无趣；你如果长得不漂亮，你也要加油，一个漂亮的人生可比一副漂亮的容颜要重要多了。

诚然，长相是一个人无法选择的，但是我们的生活完全就在自己的手中，别人说你长得不漂亮，这不怪你，也没有什么；但是要是说，你活得一点儿也不漂亮，你就要好好想想了，这可就是你自己的责任了。

一个女人可以生得不漂亮，但是一定要活得漂亮。无论什么时候，渊博的知识、良好的修养、文明的举止、优雅的谈吐、博大的胸怀，以及一颗充满爱的心灵，一定可以让一个人活得足够漂亮，哪怕你本身长得并不漂亮。活在自己心中，就是活出一种精神、一种品位、一份至真至性的精彩。一个人只要不自弃，相信没有谁可以阻碍你进步。

绝不随波逐流，活出自我的个性

年轻的我们刚踏入社会时，往往按自己的方式生活，但却往往被所谓的过来人看不惯，被批评为太幼稚、不谙时世，不能"世事洞明""人情练达"。于是，我们怕在人际关系吃亏，怕处不好同事关系，处处小心，委曲求全。这种"夹着尾巴做人"的方式虽然会获得某些"安全"，但时间一长，我们就失去了自己的个性。

生活中，几乎每个女人都追求自己的个性，向往着过自己的生活，活出自我。那么，怎样才算过自己的生活呢？正如百人百姓，千人千面一样，各人有各人的标准与答案。正所谓人各有各的活法。不活不出自我，活得累，是一种感觉，是一种心态。

我们都知道三人成虎。当你看到，机关单位里人浮于事，自己不想浪费青春干耗下去时，又被领导管住，教育你要上进，要有事业心，得对自己前途负责。因此，你在坚持自我还是向现实妥协之间纠结着。

有一位自然科学家为了研究大自然的现象，常常游走在大自然之间，细心观察一切生物的变化。

这天，这位自然学家经过一座庄园，庄园主热情地把他邀请到自己的庄园里参观。这时，自然学家看到鸡舍里的鸡群中有一只老鹰，他想老鹰与鸡是两种完全不同的动物，老鹰是天上的鸟中之王；而鸡却永远都飞不高。他们怎么能放在一起呢？

于是，自然学家就问庄园主，为什么鸟中之王会落魄到与鸡群为伍的地步。

庄园主人说："其实我一直喂它吃鸡饲料，目的就是把它训练成一只鸡，所以它一直都不会飞，单从它的举动上看，那根本就是一只鸡，而且它自己不再认为自己是一只老鹰了。"

这位自然学家说："不过，它到底还是一只老鹰，如果教教它，它还是应该会飞的。"

经过一番讨论之后，两个人终于想了一个方法试试看是否可行。

只见那位自然学家轻轻地把老鹰放在手臂上，然后说："你属于蓝天而不是大地，张开翅膀飞翔吧！"但那只老鹰一点也不理解他的意思，也许它根本就不知道自己是谁。当它看到鸡群在地上啄食，于是又跳下去与它们做伴了。

自然学家不死心，又把老鹰带到屋顶上怂恿它飞翔。这次，他大声说："你是一只老鹰，张开翅膀飞翔吧！"可是老鹰对这个高高的屋顶非常陌生，并感到一阵恐惧，于是又跳到地上去啄食了。

自然学家看老鹰依然不飞，但他还是不死心，到了第二天，他特意起了个大早，把老鹰带到一座高山上。他把鸟中之王高举在头上，再次鼓励他说："你是一只老鹰，属于蓝天和大地，张开翅膀飞翔吧！"

这一次，老鹰回头看了看远方的庄园，再看了看天空。但还是没有飞。于是，自然学家又把它向着太阳举起来。这时，奇迹发生了，老鹰的身子开始颤抖了起来，然后慢慢地张开翅膀。最后，发出了胜利的叫声，冲向了天际。

故事中的老鹰就是我们的真实本性，富有无限的能力和潜力。鸡群则代表那颗被世俗的恐惧和限制所束缚的心灵，以及别人加诸在我们身上，而我们也默认的无形限制。老鹰最终惊醒了，找到了属于自己的天空。

人生也是一个苏醒的过程，我们的目标并不在于改变自己，而是要回归我们的本性。你是鸡还是老鹰呢？你天生注定是要在地上啄食，还是在天空中翱翔呢？你的答案决定了你的命运。

现实中我们，就像那只老鹰一样，因为模糊的身份而蒙受痛苦。在世事的磨砺下，我们失去自己的个性，屈服在心灵的健忘症之下。

有一个叫玛利亚的女孩，由于本身出生在繁华的大城市里，这个追求爱美的女孩总是穿着与众不同的衣服。有一次，她身穿大喇叭裤，头顶着刚烫过的头发，还给自己化了一个刚流行的彩妆，她自我感觉良好的一身打扮，却遭到母亲的批评。

玛利来没把母亲的话当回事，她已经习惯了妈妈的唠叨。所以，她没母亲说完，就跑出去找朋友。她们约好一起去电影的。

到了约定的地点，朋友觉得玛利亚的打扮与常人不同，怪怪的。她看了玛利亚一眼，然后说："亲爱的玛利亚小姐，在看电影之前，你最好回去再换一套衣服。"

玛利亚很不解："时间快到了，来不及换了。再说我很喜欢这样的打扮，为什么要换？"

朋友说："你穿成这样我才不跟你出门。"

玛利亚先是愣了一下，然后说："我不准备换！"

　　朋友听了她的话，一个走了。

　　玛利亚生气了，她一回到家就把这件事讲给母亲听。这时母亲耐心地说："玛利亚，我的话你可以不听，但你从听别人那里得到同样的批评。如果你去换一套衣服，然后变得跟其他人一样，这样就不会有人再嘲笑你。如果你不想这样做而且坚强到可以承受外界嘲笑，那你就坚持你的想法。不过你必须知道，你会引来批评。你的情况会很糟糕，因为与众不同本来就不容易。"

　　玛利亚听了母亲的话才明白，原来坚持自己的个性也不容易。但是她还是想做自己，不想为了别人的喜欢而委屈自己。如果她坚持想要按自己的方式生存时，虽然没有人鼓励我，甚至会有更多的嘲笑她。但如果她今天为一个朋友换衣服，那么是不是谁这么说，她都要换一件让别人满意的衣服，那以后还得为多少人换多少次衣服啊？所以，她还是决定做好自己。

　　于是，玛利亚从此不再理会别人的议论，坚持做自己，活出与众不同的个性。尽管她还是会听到人们说："她在这些场合为什么不穿高跟鞋？反而穿一双运动鞋？她为什么不穿洋装？她为什么跟我们不一样？"

　　许多年以后，玛利亚成了名服装设计师，总是设计出新颖、别致的时装。当她穿着自己设计的衣服出现在公共场合时，人们却被她的与众不同所吸引，越来越多的人学她的样子穿着，说话，甚至做事情。

　　玛利亚的母亲告诉她拒绝改变并没有错。但也警告她：保持与众不同是一条艰辛的道路。现实中。人们总喜欢判断一个人的行为是不是符合主流趋势，却不重视其个性的发展。要想成为一个独立的个体就要坚强到能够承受各种批评。

　　无论一只落魄于鸡群的飞鹰还是一只匆匆奔走的蚂蚁，再卑微的生命，只要能够坚守住自我，不被外在的一切干扰因素迷失，就能坚守住生命中最可宝贵的东西，留住本性，还原自己。

　　生命的富有，不在于自己拥有多少，而在于能给自己多少广阔的心灵空间。生命的高贵，也不在于自己处在什么位置，只在于能否始终不渝地坚守心灵的自由。与众不同也是一种能力。因此，对女人来说，充分张扬自我个性，首先要学会自主做事，能够自己做决定，而不是处处随波逐流。

第八章

平和静远，开在心田上的百合花

时光如水，总是无言

子曰："逝者如斯夫，不舍昼夜！"的确，时光如流水，总是在悄无声息地消逝。我们每个人在任何时候都要把把握现在。倘使我们不懂珍惜时光，把握时间，而总让每一个明天成为现在懒惰的借口，当我们老了，会发现人生一无所获，那么也只能仰天长叹，后悔莫及的了。

一个寺庙里，新来了一个小和尚，老方丈安排他负责每天早上清扫寺院里的落叶。小和尚高兴地接受了。春天，阳光明媚的早上，他总是每天早早地起床，扫一遍院子，看看干净的地面，心里满心地欢喜。

不久，入秋了，秋风多了，树叶总随风飞舞。况且随着天气的变冷，清晨起床扫落也就变成了一件苦差事。树叶多的他每天早上都需要花费许多时间才能清扫完树叶，而这边刚刚扫一遍，风一起，树叶又落了一地。为了保持院内的干净，一天就要扫好多遍，这让小和尚头痛不已，他一直想要找个好办法让自己轻松些。

正在小和尚苦于没有办法时，这时有个和尚跟他说："我告诉你一个好办法，你明天起床后不要先打扫，而要先用力摇树，把落叶统统摇下来，后天就可以不用扫落叶了。"小和尚觉得这个主意十分不错。

于是，第二天起了个大早，他开始使劲猛摇树。他想这样自己就可以把今天跟明天的落叶一次扫干净了。这一整天小和尚都非常开心。

第三天早上，小和尚一起床，不禁傻眼了，院子里如往日一样满地落叶。这时，老方丈走了过来，对小和尚说："傻孩子，无论你今天怎么用力，明天的落叶还是会飘下来。"小和尚这下终于明白了，世上有很多事是无法提前的，唯有认真地活在当下，才是最真实的人生态度。

库里希坡斯曾说："过去与未来并不是'存在'的东西，而是'存在过'和'可能存在'的东西。唯一'存在'的是现在。"活在当下是一种全身心地投入人生的生活方式。当我们把握住现在时，就没有过去拖在你后面，也没有未来拉着你往前时，你全部的能量都集中在这一时刻，生命因此具有一种巨大的张力。

也许我们的现状不是自己理想的生活，甚至觉得自己活得很失败，工作情感都是一团糟。那又有如何？至少今天对我们来说是真实的，我们可以感受到亲人的关爱；走出去，可以看到花开的烂漫；坐在书桌前，可以享受到内心的安静。

所有的现在我们是可以触摸到的，是实实在在的。我们要选择抛开烦恼，享受现在所有的安乐、幸福，不要梦想着明天无法预测的幸福，踏踏实实地过好每一刻，比不切实际的计划和幻想更适用于我们的生活。

而事实上，大多数的人都无法专注于"现在"，他们总是若有所想，心不在焉，想着明天、明年甚至下半辈子的事。要知道，当幻想成为一种习惯之后，无尽头的明天，明天的明天一直延续下去，直到生命终结的那一瞬间，你的幸福恐怕都还是一个泡影。

现实中，有些女人整日为未来深感不安，为那些还没有到来，或永远也不会到来的事物焦急忙碌总是太于勤奋，她们坚信明天的幸福要靠今天修，所以今天的她们就不愿空出一点时间来感受生活，甚至从早到晚地辛苦工作，最终丧失了生活的乐趣。

在茫茫的撒哈拉大沙漠中，生活着一种叫沙鼠的动物，它们最长的寿命也不会超过一年，喜欢生活在开旷的荒漠地区，依靠复杂的洞系、灵敏的听觉和迅速跳跃来逃避敌害。有的白天活动，有的夜间活动。

有人说沙鼠是一群地球上最勤劳的子民。每当旱夏即将来临时，它们都异常忙碌。它们不停地寻找着有绿色植物的地带，将那些被咬断的草根搬回洞穴，然后又寻找着另一处绿洲。

沙鼠们从不冬眠，在整个旱季到来之前一直忙得不可开交。沙鼠如同蜜蜂，每次回家满嘴都是草根。蚂蚁的粮草堆积如山，仍片刻不停地储粮。沙鼠如同蚂蚁，从清晨到夜晚，终日忙碌；从幼年到老年，一生勤勉。沙鼠生活的艰辛不得不让人类惊叹。

据说一只沙鼠在整个旱季只需消耗五斤草，但是当它囤积了五斤时，这只沙鼠并不会立刻停止下来，而是继续外出寻找，继续夜以继日的劳作。即使洞穴里的草根已非常多，足够它们度过整个旱夏，这些沙鼠依然来去匆匆。似乎只有这样，它们才能安心。

有一天，一个动物研究协会进驻了大沙漠中。他们封锁了沙鼠的洞穴，每天提供给沙鼠足够的食物。这时候，一个奇怪的现象出现了：这些沙鼠不是安心地享受着现成的食物，而是依然四下寻觅着，表现得非常焦虑，甚至不能进食，最后终因忧心忡忡而死去。

研究人员经过分析发现：导致沙鼠死亡的原因是焦虑，而这种焦虑来自于它们对未来的担心。它们想象着一旦夏天过去，绿草枯萎，就再也难以觅到草根，这样就会很快接近死亡。

我们不能否认沙鼠的辛苦与勤劳，但是它们完全没有必要如此劳碌，最终却焦虑而死。其实，这也是大多数人的写照。他们劳碌了一生，时时刻刻为生命担忧，为未来做准备，一心一意计划着以后发生的事，却忘了把眼光放在"现在"，等到时间一分一秒地溜过，才恍然大悟"时不我待"。

假若我们时时刻刻都将力气耗费在未知的未来，却对眼前的一切视若无睹，永远也不会得到快乐。正如屠格涅夫所说：幸福不在明天，也不在昨天，它不怀念过去，也不向往未来；它只在现在。过去是记忆，未来是想象，真正的、真实的快乐是现在。不必让未来很幸福，让当下快乐就足够了。

哲人说"活在当下"。"当下"就是要我们把握现在。指的是正在做的事、待的地方、周围一起工作和生活的人。"活在当下"就是要你把关注的焦点集中在这些人、事、物上面，全心全意认真去接纳、品尝、投入和体验这一切。

时光如水，总是无言。每一个女人都没有能力预知未来，也无法挽回过去，唯有让自己活在'现在'，全神贯注于周围的事物，快乐才会不请自来。让我们用平常的心对待每一天，用感恩的心对待当下的生活，女人才能真正理解生活和快乐的含义！

生活之美，在乎适度

《圣经》中神对男人和女人说："你们要共进早餐，但不要在同一碗中分享；你们要共享欢乐，但不要在同一杯中啜饮。像一把琴上的两根弦，你们是分开的也是分不开的；像一座神殿的两根柱子，你们是独立的也是不能狐立的。"

这段话形象地说明了婚姻关系中的两个人的韧性关系，拉得开，但又扯不断。谁也不能过度地束缚对方，也不能彼此互不关心，有爱，但是都在适度的范围之内，这才是和谐的婚姻。

婚姻讲究适度，同样的道理，在工作和生活中也是如此。我们却看到不少人对某事情追求得近乎偏执，将人生目标树立得很高，希望功成名就，成为塔尖上的那个人。可是，功成名就的名额总是屈指可数，对自己苛求过多，导致人生过于沉重。不免有人伤心，有人失落。

生活中，我们要懂得，凡事有得必有失，生活之美来源自于适度。不能成为第一，就坦然充当第二；不能拥有伟大，就甘愿静守平庸，用轻松的人生规则主宰自己的快乐又有何不可呢？

"施朱则太赤，著粉则太白，增之一分则显高，减之一分则显娅"这是一种美丽的恰到好处。

"海棠艳而无香；昙花美丽惊魂，可是'芳华一现'玫瑰娇艳欲滴，可是，花枝带刺"。这是自然万物的生存有度。

生活有度"可以简单，但要开心快乐"。

人生有度"可以梦想，但不能太好高骛远"。

人生之爱在于适度，溺爱播种隐患，速爱埋藏危机，滥爱引发祸患，痴爱事与愿违。

"凡事有度，过之，则犹不及"。适度，是一种美；适度，就是一种恰到好处的尺度的把握；适度，就是把事情控制在一定的相对合理的范围内进行。

著名学者于丹老师在解读《论语》时曾讲过这样一个故事：

冬天，一群豪猪挤在一起，他们很冷，很冷，就互相拥挤着靠近，希望凭借对方的体温让自己暖和一点，但是，当他们靠近对彼此时，身上的刺就把彼此刺痛了，扎的互相鲜血直流，急忙跳开，但是天气实在是太冷了，他们被冻的迷糊着又向彼此靠近，身上的刺扎到了，又跳开，冷，再靠近，疼，又跳开……

就这样，最后他们找到了一个位置，既扎不到彼此，又能最大限度地取暖。他们就这样靠着，度过了这个寒冷的冬季。

于丹老师讲这个故事的同时，告诉我们说，不论是父母、夫妻之间，还是朋友、同事、领导之间，都应保持必要的距离，给彼此一个空间。只是距离的远近、空间的大小，则要把握一个尺度。

做一个淡定的女人要明白"过犹不及"的道理。凡事皆有度，适度是美，适度是人生的大智慧。我们生活的目的在于发现美、创造美、享受美，而不该盯着完不成的极限、遥不可及的梦想折磨自己，最后，抓狂在自己的苛求中。

据说日本有一位餐饮业巨擘总结的成功之道是：在其连锁店中提供给顾客的，永远是17厘米厚的汉堡、40度的可乐。因为相关研究人员发现，这是令客人感觉最佳的"适度口感"。

当然，也可以选择把汉堡做成20厘米厚，把可乐加热到100度——但它们并不意味着最佳口感。

俗话说："水至清而无鱼，人至察则无徒。"现实生活中，对人、对事、对自己都不宜过于苛求，否则会使自己生活在孤寂和焦灼之中。不苛求自己就是我们能正确地认识自己、面对现实。梦若成真固然不错，梦没成真也没关系。抱着一种顺其自然的心态去追求，去努力，也就足够。

现如今，有不少女性患有"女强人综合征"，这就是她们过度苛求自己所致。随着女性地位的提高，她们要求自己更加强大，苛刻的要求自身以及所做的事情；不信任别人，事无巨细，大事小是自己一人包揽；她们甚至不敢公开表达自己的消极情绪，长期的压力与压抑让她们产生了消极的心里反应。

职场中往往出现这样的场景，上司对某女下属说："你的工作表现很不错，但是我希望你下个月可以完成多两倍的业绩，而不是保持现状。"不苛求的女性想到是自己工作得到了上司的肯定，努力没有白费；而苛求的人看见的一定是那未实现的更高的要求。

因此，这样的心态必然导致两种不同的结果：一个更加积极活跃，而另一个更加悲观沮丧。在浮躁的当下名利世界，我们很容易用力过猛，不管我们承认不承认，苛求的人生总是相对沉重的！

过于苛求往往还隐藏着偏执与自我压抑，导致身心不健康。过于苛求自己的人通常感到自己的压力更大、更焦虑、身心更易疲惫，长期在这种紧张或抑郁的情绪下容易走上极端，反而给职场交往带来负面的影响。

有位新晋升的经理，一次陪总经理去见一位与公司来往密切的大客户，他用力过度，太在乎、太重视这样的面见，结果，一开口便是："刘先生你好，请问你贵姓？"结果场面是相当尴尬。

无论何时，对人，对事都应该保持一定的距离。"适当的距离是一种美"！适度，是一种宽松惬意的生活环境和心灵空间。适度的关怀，是一种淡淡的而让人回味的温情；适度的爱，是一种温暖而不让人感到窒息的感觉。

当然，握适度在我们的生活中的确存在很大的难度，因为做人的艺术是适度的艺术，做事的艺术也是适度的艺术，做官的艺术也是适度的艺术，生活中的方方面面要做好它，都是适度的艺术。

生活中，把握适度不光是靠感觉，靠学识，还要凭借成功的积累，失败的体验和理性的思索！当你一步步地靠近了适度，走入成熟之时，你也在悄然地远离年轻和率真，这就是适度带给我们人生的真谛所在。

若你安好，便是晴天

人们常说：女人是善变的。相对于男人，女人似乎更容易闹情绪。有时候，本来很明媚的心情会因为一点小小的事情而突然变得莫明其妙，轻则少言寡语，重则狂风骤雨。这种善变多指心情或情绪的变化，她们简直就是情绪的"奴隶"。

有人说，女人的情绪化会跟随她们一生一世，是女人自己的敌人。的确，对于情绪化的女人来说，若你安好，便是晴天。任何一个成熟、智慧、优雅的成功女性，都不会让坏情绪主宰自己。

虽然赵雅芝已经淡出影视圈许久，但她因为有着不老的容颜，一直没有离开过媒体的视线。据说这个美丽的女人很少生气，性格比较温和，能控制自己的情绪。当她得知自己被称赞为"完美女人"时，她说："我也是人，也有生气的时候。但是我觉得我发脾气不多，因为我觉得发脾气要是没有用的话，也得不到效果，既伤了自己，也伤了别人的感情，我觉得那还划不来。"

人不可能永远处在好情绪之中，生活中既然有挫折、有烦恼，就会有坏情绪。一个心理成熟的人，不是没有消极情绪的人，而是善于调节和控制自己情绪的人。

情绪的感染有时像野火般快速蔓延，不管是快乐或者悲伤的情绪都具有传染的因子。负面的情绪有时来自他人，有时来自本身，为了不要让负面情绪影响到你，最重要的是让自己对负面情绪有免疫的能力，别迷失在不愉快情境而无法自拔。

有个企业的老板，特别很有涵养。不管发生什么事，下属从来没看到过他发脾气，无论是公司面临危机还是员工做错了事情，他永远都是那么从容、淡定，每天面带笑容地面对每一个人。

一次，公司的两位部门经理之间闹了分歧，以至于影响了两个部门的关系，他们手下的员工也对各自的领导鸣不平，更是气愤难当。但身为企业的老板，依然不管不顾，不过问一句。

这时，一个经理实在气愤地无法忍受了，就自己跑到老板那里去告状。诉说对方的种种无理要求，以至于影响了自己所属部门员工的积极性。要求老板来他们评个理，把事情弄个是非曲直。

这位老板静静地听那个经理说完，然后对他说道："你先回去想想，想不通了再说。"

那个经理气呼呼地回去了。几天后，他又来找老板，还是要判定个是非曲直。

老板依然平静地说："等你心平气和之后再来找我。"

又过了几天，那经理又来了，说："现在我已经心平气和了！"

老板这才笑着答道："既然你已经心平气和了，那就赶快回去工作吧！"

那个经理由于不懂坏情绪对自己的影响，以至于影响了整个团队的积极性。我们不得不佩服这位老板的情绪控制能力。现实中，如果我们能很好地控制自己的情绪，遇到事情不是先火，而是以平和的心态从容分析事态，制定对策，就能将由于自身原因造成的损害降低到最低程度。

若你安好，便是晴天。心情好的女人才更容易感受到幸福和快乐。负面情绪多了，心情就会很糟糕。当然，负面情绪有可能来自自身，也可能是来源他人。如果负面情绪来自本身，最好先让自己有独处时间，使内心获得平静，透过自我观照和反省找出问题核心。

如果负面情绪来自也人，千万不要轻易动怒，先避开当时的环境，出去散步或者和知心好友聊聊，等到情绪平缓后，再来找出问题症结所在。

尽管一个人的情绪时有波动，但情绪是可以管理的。如果我们能调整、管理好自己的情绪，就不至于把一些事情弄得很糟。情绪是一种工具，用错地方就变成一把刀，用对地方就像一朵花一样开放，所以要好好管理自己的情绪。

1. 丰富的业余生活

丰富的业余生活有益我们的身心健康。尤其是女人，闲了就看电视、读小说、闲聊来消磨时光，业余生活安排得单调枯燥，其结果往往是别人活得越辉煌灿烂，就越觉得自己越渺小空虚。在业余生活中，我们应该具有——种积极的态度，培养健康的兴趣。比如读书，看音乐，做运动等，这样才能使自己的生活过得丰富多彩。

2. 把忧伤发泄出来

坏情绪积蓄久了，就要适当得到宣泄。我们可以找要好的朋友倾诉，也可以找一种自己喜欢的方式排解起来。比如，女人往往会去购物、从而获得一种心理的快感。心理学研究表明，哭泣有一种"治疗"的功能，人在痛哭一场后，往往心情就变得好多了。如果你为某件事而悲伤，感觉六压抑了。这时，你不必为哭泣而害羞，目的只是让自己的坏情绪宣泄出来。

3. 感受快乐

人们常说："知足常乐。"我们每一个都有快乐生活的权利。因为快乐是属于我们每个人的，它与物质财富的多寡并无关系。快乐是一种修养，一种大气，只要你对别人存有颗宽容的心，只要你对生活持有一份欣赏的情，你就会感知快乐，享受快乐，拥有快乐的人生。

4. 学会微笑

微笑，不仅是一种情态，更是一种心态。真诚的微笑，的确能够感染他人。微笑是"良药"，微笑足健康的"通行证"，微笑是世界上最廉价、最快捷的"滋补品"。我们不妨笑口常开，用微笑去调节紧张的情绪，让他人从我们甜美真诚的微笑中获得轻松和愉悦。

从从容容一杯酒，平平淡淡一杯茶

在喧嚣的尘世中，环绕在我们身边的大多是变幻的色彩，匆忙的背影，无尽的欲望……而我们身上缺少的恰恰就是从容和淡定。从容是一道心灵深处真诚和宁静的风景。

从容是女人的一种淡然的品境与心态，是女人的一种极致优雅。从容的女人拒绝浮躁、不攀比，因为她们明白无论多么繁华的场景，最终都会趋于平淡。从容的女人总是在繁华落幕后，卸下华美的外衣，更从容的生活，享受平淡的日子。

人生最大的障碍是欲望，最大的敌人是自己的心。幸福和平淡，平淡与从容，从来都在一起。面对人生，我们要以从容的姿态去面对生命中每一次挫折或困难，从容是一种气度，也是一种风范，更是一种壮美！

刘伯承年轻时，英勇奋战。一次，他在一场激烈的战斗中被打伤了眼睛。由于眼睛看不到，无法参加战争，只得到重庆一个医院接受救治。当时是由德国医生沃克为他治疗。

当时，袁世凯正悬赏十万大洋买刘伯承的人头，很多人都担心刘伯承有危险。但刘伯承却异常镇定从容地来到医院。

沃克医生看到刘伯承的右眼伤得很严重，几乎失明。就问他："你是干什么的？"

"邮局职员。"刘伯承回答道。

"你一定是个军人！'沃克医生一针见血地说，"我当过德国军医，这样重的伤势，只有军人才能这样从容镇定！"

刘伯承却微微一笑，依然从容地回答："沃克医生，军人处事靠自己的判断，而不是靠老太婆似的喋喋不休！"

在这样险恶的环境中，遇到对方的怀疑，刘伯承不是辩解或乞求，而是镇定自若地回答。正是刘伯承男子汉的语言和行为，深深感动了沃克医生，他嚷道："你是一个真正的男子汉，一块会说话的钢板！按德意志的说法，你是军神。"

生活不可能一直都是轰轰烈烈，最真实的生活往往是平淡的。有的人认为，生命并不需要多彩多姿，只要宁静安详地度过，这样人的生命就像一条清澈的小溪，慢慢地流。我们要让自己的心情彻底放松下来，沉得住气，不要让欲望牵着鼻子到处奔跑，让脚步随着心态走，让浮躁的心安顿下来；我们就会体会到海阔天空。

事实上，面对生活，你抱持何种心态，直接关系到你的心情快乐与否。多一分平常心，对生活就会多一分从容和洒脱。

芳芳和男友华子相处了两年，原本打算今年三月份结婚的，但芳芳却在结婚前决定取消了婚礼。原因是她随男友回了一次他的老家，开始对男友的家庭环境和个人条件不满意。

芳芳说男友家里条件特别不好，华子在清华大学上学期间都是靠他自己的能力读完本科和研究生的，当然他的生活一向都很节俭。参加工作后，先是供弟弟妹妹读完了大学，然后才在北京付了首付，贷款买了一套小户型的房子自己住。

芳芳觉得自己的家庭条件不错，家在北京，自然不会为房子而发愁，父母都有自己的事业，收入当然不菲。当初两人交往时，芳芳特别欣赏华子对父母的孝顺、敢承担、肯吃苦，而且在事业上还有着强烈的进取心。于是，两个深深吸引，慢慢建立关系。

当芳芳把华子带到自己家里，见了家长，她的父母也很欣赏他，认为这是一个值得让女儿托付终身的小伙子。得到了家长的认可，两人也开始谈婚论嫁，准备结婚的事情。

结婚之间，华子提出带芳芳回自己的老家一趟，与他的家人见个面。芳芳爽快地答应了，华子的老家在农村，条件自然不如大都市北京优越。到了家里，华子的父母对她很是热情，但令芳芳不舒服的是，这个家出乎意料地贫穷。晚上休息时，华子的妈妈从柜子的最里面给她找出一条被褥，应该算是家里最干净的。但盖在身上却散发里一股霉味，芳芳一夜无眠，第二天就和华子提出离开。

回北京的路上，华子有些不高兴，一直没说话。芳芳也不发话，但心里却在暗自打小算盘。看华子的那样的家庭，房子和婚礼都需要钱，看来是指望不上了。要结婚还得借钱，这样一来，婚纱照要用便宜的，酒席也指望不上他的老实巴交的父母，只能亲自张罗了。

一想到，结婚的各项事项都不是自己满意的，这和他梦中的婚礼差距也太大了。芳芳的心里感觉到极度的不平衡，为什么别人的婚礼可以那么完美？自己却要委曲求全？况且一想到华子以后还要负担他的家庭，芳芳就觉得生活毫无希望可言。于是，她就向华子提出了分手。

芳芳之所以提出分手，是因为她的心态不够从容，不懂得耐守平淡，总是想到别人的完美，而不能坦然地过自己的日子。由此可见，逆境，抑或突如其来的变故与危困，都可以很好的检验一个人够不够从容，坦然。

可是在现实生活里，很多女人就因少了一份从容，对人生每每抱有一种力求完美的心态，凡事都要全力以赴，事事都不能落后于人。可人生根本没有什么所谓"十全十美"的事情，你又何必把自己折腾得这么累？

凡事尽力而为即可，无法改变的事情就不要过度在意，要懂得从内心善待自己，才能成为一个真正幸福快乐的女人。淡定的女人在现实中，会选择一种闲看云卷云舒、花开花落的心境，享受从从容容一杯酒，平平淡淡一杯茶的平凡生活。

一盏清茶、一杯咖啡，内在安其心

日前，只要在百度里输入"电梯淡定姐"几个字，就能看到多条相关新闻报道。事情是这样的：

厦门某商厦电梯发生故障，一位居住在此大厦的初中女生，从学校上完晚自习，电梯走到三楼不动了。她开始敲电梯门求救，但当时附近没人。于是，无奈之下，这个女学生干脆在电梯内写起了作业。大约半个小时后，楼上有人使用电梯，这才发现电梯坏了，并且报了警。

厦门某中队消防官兵接到群众报警后赶到事故地点。发现电梯停在三楼位置，里面有一个初中女学生被困在电梯。消防官兵担心被困女生出意外，一边联系电梯维修人员到场，同时运用专门用于营救电梯困人的"三角钥匙"，对电梯实施破拆救人。

几经尝试，消防官兵不幸地发现由于电梯门已经老化，专业的"三角钥匙"也无法把电梯门打开。随后，电梯维修人员赶到现场。在维修人员的配合下，消防官兵兵分两路，一路进入四楼，从电梯顶部进入解锁电梯门，一路消防官兵留在三楼配合开门。

几分钟后，电梯门被打开，正席地而坐专心写作业的被困女生从容淡定地走了出来。

一个十几岁的初中女孩，突遭电梯坏被困的情况，她不仅没有惊慌失措，反正在电梯里淡定地写起作业来。如此的临危不惧正体现她内心的安顿。现实中，人们往往过于关注和重视自己的物质生活，也许我们正忙碌于拼命挣钱和潇洒花钱的恶性循环中，可以匆忙的脚步却忘记关注我们内心。

如果我们把手放在胸口，审视一下内在的世界：我们的心灵有所归宿、有所安顿吗？它是不是充满着一种充实感、饱满感、温馨感与光明感，有着一种不折不扣、实实在在的安宁、平和、快乐与幸福？

我们很多人都不能肯定地回答。这也难怪，因为我们很多人实际上根本就不知道自己的心灵还应有个归宿，有个安顿之处。人拥有优裕的物质生活，这是值得肯定的，但人活着并不是仅仅为了满足这种粗鄙浅陋的物质生活。

周国平在《把心安顿好》一书说过这样一段话："人来到世上，首先是一个生命。生命，原本是单纯的。可是，人却活得越来越复杂了。许多时候，我们不是作为生命在活，而是作为欲望、野心、身份、称谓在活，不是为了生命在活，而是为了财富、权力、地位、名声在活。这些社会堆积物遮蔽了生命，我们把它们看得比生命更重要，为之耗费一生的精力，不去听也听不见生命本身的声音了。"

佛陀说，你应该安顿自己的内心，而不是假托外物。在喧嚣的城市中，如果我们能坐在窗前静静的品一杯茶，在音乐的世界里徜徉，独自享受着茉莉的香味，不被外界打扰，我们的内心将很泰然，很宁静。但我们总是忽略了这么多本可以享受的安宁。作家黄宝莲是一个懂得安顿内心的女人。

身为台湾知名作家的黄宝莲，却定居在香港，并经常游走于世界各地，她说这样可以让自己的心灵在旅行的状态中安顿下来。

她说她在香港如鱼得水，乐在其中。因为东西交融的香港，曾留下不少中国近代作家的足迹。张爱玲、鲁迅、萧红等名家都曾在这里结下文学因缘。当下，新一代两岸三地作家依然在此自由聚散，他们写香港故事，也把自己的故事留给香港。在忙碌喧嚣的节拍下，黄宝莲在此找到了一份静谧和创作源泉。

黄宝莲喜欢香港的高高低低，依山傍水。在南丫岛生活了八年，开门就看到海港，每天走山路，看山花，买活鱼。她在这个小岛上，写下了散文集《简单的地址》、长篇小说《暴戾的夏天》，以及短篇小说《七个不快乐的女人》《七个不快乐的男人》等作品。

不写作的时候，黄宝莲总能给自己找到喜欢的事情做，她可以为自己包出一碟精致透亮的馄饨；她可以跑去油麻地买布设计衣服，去牛头角找裁缝，忙得不亦乐乎；也去她正在悠闲地游走在另一个城市的街道中……

20 世纪 80 年代初，黄宝莲从台湾奔赴纽约寻梦。90 年代初，她落脚南丫岛。90 年代末，她迁居伦敦，在花园里种竹子，种上各色的花看四季更替。2003 年，她重返香港，筷子、刀子、叉子并用，看半山那杜鹃花一路"烧"下山去。随着生活场景不断变换，各地文化也逐渐交融，她来去自如，跨越疆界。

1988 年，她因看了导演张艺谋的《红高粱》而迷上了巩俐。"她简直是美艳不可方物。"不久，她获邀到西安电影制片厂做访客，如愿以偿与巩俐见了面。当时她还去了延安、榆林、塞北等地。那一段时间，她天天到小雁塔一带吃烤羊肉串，吃酸汤饺子，东走西逛，日子过得非常逍遥。虽然是第一次踏足大陆，她便向往能在陕北窑洞里住一段时间，尽兴创作。

对于自己的东飘西荡的"身世"，离开台湾近 30 年的黄宝莲说，回到台湾反而更像"异乡人"。"哪儿好玩，就跑去哪儿。可以因为一句话，一个念头兴起，就落脚在一个地方。"黄宝莲谈到自己的到处游走的经历，乐得像一个孩子。

黄宝莲在生活中的不同经历积累成"千层蛋糕"，多滋多味。她一直在寻找生命的终极意义。《圣经》中讲：人不仅需要面包，还需要充实和丰富的精神生活。我们可以不追求物质的奢侈，但决不能放弃追求心灵上的安顿。物质上的追求，无非是纸醉金迷、灯红酒绿、声色犬马。人生任何美好的享受都有赖于一颗，当一颗原本澄明的心在尘世中变得浑浊之后，它就既没有能力享受安静，也无法享受真正的狂欢了。

周国平说："人最宝贵的东西是生命和心灵，把命照看好，把心安顿好，人生即是圆满。把命照看好，就是要保护生命的单纯，珍惜平凡生活；把心安顿好，就是要积累灵魂的财富，注重内在生活。"这种价值观和生活倡导，对疲于生活的现代人是无疑是一味抚慰的心灵良药。

清闲无事，坐卧随心，虽淡饭粗衣，自然有一段佳趣。纷扰不宁，忧患缠身，虽锦袍玉食，只觉得万般愁苦。让我们给心灵以安顿，使自己在这个喧嚣不已、躁动不已的世界上"内在安其心"，达到一种心灵的安宁、平和、快乐与幸福，享受一种优游的生命。

第九章

智慧人生，愉悦自然得

若无闲事挂心头，便是人间好时节

女人总是喜欢活在别人的生活中，看到别人住别墅，便抱怨自己只有数十平方米的住房；看到别人坐豪华轿车，便叹息自己还是自行车一族；看到别人位高权重，便叹息自己还是一个小人物……正因为心头放了太多的这样的杂念，才让她们总是与他人攀比，比来比去便产生了不平衡的心理，这些人又怎么能活得轻松、活得快乐呢？

正所谓"世上本无事，庸人自扰之"，一切烦恼的根源皆是自忧。很多时候，人之所以觉得累，烦躁不安，都是因为我们心中承载了太多的与快乐无关的负荷，想要的太多，要求的太多，欲望太多。简单的东西，不会使人厌烦。

生活的最高境界其实就是淡然、淡定。天边几片白云，徐徐清风拂面，带来的是心情舒畅，心中杂念地看待事物，便会豁然开朗，从而感觉到人生的美好。生活的真谛在于体会平淡。一个心中长期充满着欲望、充满着杂念、充满着牵挂的女人不是可能体会到幸福和快乐。

大诗人苏东坡曾遭遇一连串的政治打击，心情一度郁郁寡欢。一次，他借住惠州嘉佑寺。为了排解心中的郁闷，他想去在松风亭附近散步，走着走走，突然感觉脚力不堪疲乏，便想到了松风亭里再休息。

这时，他一眼看云，却发现松风亭的屋檐还在树林的远处，心想：怎样才能到得了。但他转念又一想："这里为什么就不能休息呢？"苏东坡一下子有了顿悟，抑郁之情忽然得到解脱。于是，他歇了歇脚，就怀着极高的兴致游览了松风亭。

尽管苏东坡后来由二品大员一下贬至九品，远发海南，但晚年的他政治心态和人生已趋向平和，能够淡定地面对人生的起起落落。

我们为什么一定要登上某个极点才去享受生活的乐趣和美好呢？为何不边走边观，及时欣赏沿途的风景，积蓄精力再继续前进呢？那些喜欢杞人忧天的女人们，与其总是宁愿反复被琐碎的事情困扰，倒不如放下心中的杂念，轻松上路。

女人天性细腻，总是把生活中很多琐碎的闲事放在心头。因为心中有事，而且有太多的闲事悬挂在心头：我们挂碍社会地位不够显赫，事业不够亨通发达，待遇不够优越，夫妻生活不够融洽，儿女不够孝顺成才，朋友待你不够敬重，所求不能满足心愿，身体多病衰弱，人我是非烦心……心中充塞财势情欲，再也挪不出一丝闲情去呼吸河边的清风，欣赏山间的明月，就算春天的百花开得再绚丽，与我两情不相干。可见欲求心静必先除杂念。

我们经常听到别人说：要放下，要放下！我们对于功名富贵放不下，生命就在功名富贵里；我们对于悲欢离合放不下，我们就在悲欢离合里痛苦挣扎；甚至有人对是非放不下，对得失放不下，对善恶放不下，你就在是非、善恶、得失里面，不得安宁。

任何时候，你都得把自己的心清洗干净，这个过程要你自己行，旁人不能替代，要见真实的自己，就要自己度脱自己，自己守持生活的规律，这样才不辜负来人世走一遭。清洗干净就是少动烦恼，这是功夫，要知道，烦恼并不是从外面来的，而是从你自性中产生的。

一次，云门禅师问僧徒："我不问你们十五月圆以前如何，我只问十五日以后如何？"

僧徒说："不知道。"

云门说："日日是好日。春有百花秋有月，夏有凉风冬有雪。若无闲事挂心头，便是人间好时节。"

日日是好日，每时每刻都能开掘快乐之源。这是一种积极的人生态度，也是禅向我们展现的魅力所在。如果你能清洗干净心中的烦恼，具备乐观的心态，那么还有什么能够困住你呢？

人生苦短，不过百年，在哪个年龄段办好哪个年龄段的事情，不要虚度这是务正。岁月沧桑，风云变幻，能耐得住寂寞甘于默默无闻那是本分。我们如果能以临济无事人的平常心，去面对日常生活中横逆困顿，人我关系上的矛盾纠缠，能以举重若轻的心胸，减少心上的压力，才能轻松自在，真实体会到人生的意义。

每一个人在工作中，都时常会面临一些巨大的压力，此时我们可以按照禅法的指导，通过心灵的修炼，将那些阻碍、困扰你的日子，变成快乐、喜悦的日子。

女人只有心净，才能魅力永存。当女人心净如莲时，才奶坦然面对世事纷扰，绽放心底，透出柔柔心香。让我们做一个心净的女人，思想将永远是干净的，从积极的一面看待事物，自然让令自己快慰。便容易感受到生活的快乐与美好。

心静，则万物莫不自得

现实中，很多女人的心都是浮躁的。她们禁不住外界的诱惑，既无法全心投入工作，又做不到甘愿照顾家庭；既满足于现有的经济状况又要追求内心的宁静，结果却事与愿违，不仅得不到想到要的生活，还让自己弄得落下疲惫。有时候，我们越是苛求某件东西却越得不到，如果心静了，万物也就顺其自然，水到渠成了。

心静的女人更容易得到幸福。因为心静源于自信，自信源于自知。自信而自知，处世的心态也就淡然而不漠然。可对现代职场女性来讲，如果一天不上网，不浏览上百条资讯，不接收许多的E-mail、短信和电话，她就会惶恐不安地四处张罗，担心自己被社会"边缘化"。

实际上，我们每天关注或接收的信息里，有实质意义的并不多。尽管如此，人们还是身陷其中难以自拔。但这一切似乎并不能使我们的身心得到真正的安适。在这个科技高度发达的时代，我们的身体终于从繁重的劳动中解脱出来了，却把所有的压力，都加载给了精神。很多人抱怨自己的时间不够用，生活压力太大，却从来不曾停下来反思一下生存的意义。

有两个僧人闲来无事在寺庙院落散步。忽见挂幡在那里舞动。一个说："如果没有风，幡子怎么会动呢？所以说是风动。"另一个说："没有幡子动，又怎么知道风在动呢？所以说是幡动。"两人各执一词，互不相让。

这时，六祖惠正好路过，看到两个人对着一面旗幡，面红耳赤争论不休。便对他们说："二位请别吵，我愿意为你们做个公正的裁判，其实不是风动，也不是幡动，而是二位仁者心动啊！"

我们生活中的确有很多麻烦都是由己而起。对所有的事都执着，对所有的烦恼都招惹，即使早已风平浪静，我们还要坚持，正所谓世上本无事，庸人自扰之，烦恼痛苦也因此而来。宁静是一种气质、一种修养、一种境界、一种充满内涵的悠远。此心常在静处，荣辱得失，谁能差遣我？

心静则万物莫不自得，心动则事象差别现前，如何达到动静一如的境界，关键就在我们的心是否能去除差别妄想。抛却心中的"妄念"，能够于利不趋，于色不近，于失不馁，于得不骄，进入宁静致远的人生境界。

文月是一个内心宁静的女人，不与人攀比，安于并享受当下的生活。只要天气晴和，她一早便会出现在自家的阳台上，她挽着发，一张脸清秀而光洁，散发着生命的气息。一身得体的家居装，眼眸含笑，她在为花草烧水，给人的感觉是如此优雅和美丽。

看得出，她是个富有女人味且勤俭持家的女人，属于她的那方阳台，干净、素洁、有序。阳台护栏总被她擦得干干净净，有时，她和女儿趴在护栏上，嬉笑着。她每次晾晒的衣物数量不多。可见她总是及时清洗，容不得家中有一点点脏衣服积攒下来。

正常的工作的时段，文月虽然不去上班，但也有自己的工作。在家写点东西或者按时为某个女性杂志供稿。闲暇的时候，她会在阳台上摆张小桌子，一针一线地绣流行的十字绣，她的专注和宁静，融合在色泽缤纷的绣品之中，为每一件绣品注入了优雅的内蕴。

文月从不担心丈夫晚归，她会在准备好丰盛的晚饭在家等待丈夫与女儿的归来。晚饭后，文月和丈夫会带着女儿到楼下的花园散步。总之，她会把自己的生活安排很充实。既可以陪伴家人，又有自己的空间。

文月的一些女性朋友很是好奇，她为什么可以把工作和生活毫不冲突，为什么能把家庭和婚姻经营得如此美满。每每这时，文月总是微笑着说："那是我要求的少，失望的时候也不多。我不去强求无法实现的事情，只是努力让自己每天心平气静地生活。"

当一个女人活出宁静之美，她一定会变得更加可爱、更加迷人。真正的美总是由内向外自然散发出平和、宁静。心静可以沉淀出生活中许多纷杂的浮躁，过滤出浅薄、粗率等人性的杂质，可以避免许多鲁莽、无聊、荒谬的事情发生。人生便更加顺达，很多事情便易成功。

宁静是一种气质、一种修养、一种境界、一种充满内涵的悠远。一个安之若素、沉默从容的女人，往往要比气急败坏、声嘶力竭更显涵养和理智。因此，我们不轻易起心动念。如此才能达到"心静则万物莫不自得"的境界。

心灵宁静的女人，才不眼美显赫权势，不奢望成堆的金银，不乞求声名鹊起，不羡慕美宅华第，因为所有的奢望、乞求和羡慕，都是一厢情愿，只能加重生命的负荷，加速心灵的浮躁，而与豁达康乐无缘。

很多女人圆睁双眼，摩拳擦掌，穿梭游走于现实之中，孜孜不倦，劳心劳神。然而，笑颜华服掩饰不了身躯的疲惫，内心的焦躁。越来越优越的物质条件，似乎并没有提高人们的幸福感，现代人更多的感觉到压力、恐慌和莫名的烦恼。

身为女人不必急功近利，不要让自己陷入过快的生活节奏之中。不如将放缓脚步，找到自己喜欢的事情做，充实并提高自己的修养。真正的平静是精神与灵魂的平静，一个女人要做到心静，必须有丰富渊博的知识与善于使自己在浮躁或混乱的表面现象中保持自我。

生活有智慧，愉悦自然得

现实生活中，越来越多的女人像男人那样去拼事业，整天忙着工作忽略了家庭；忙着追逐名利而忽略了自己的内心声音，忙着去做整容而挽留年轻的容颜却鬼神了精神的需要。总之，大家都在说忙，却不知忙碌的事情，还推掉了比这还要重要的很多很多的东西。

一切的事情都是忙，因为忙，连休息都顾不上，因为忙，忽视了父母和朋友，因为忙，失去了生活的乐趣，都显得很忙。但多半的人，往往不知道为何这么紧张，为何如此忙碌？因此，忙碌的人们更需要智慧的生活，并从忙碌的现代社会中得到解脱。

有一些因忙碌而心理焦躁的人常去向圣严法师求教，他常劝他们打坐学禅，而那些人却说："师父啊！我们都忙成这个样子，哪里还有时间去打坐？打坐，是你们和尚们应该做的事情。"

圣严法师却说："现在的和尚和过去的和尚不一样了，现在的和尚也是很忙的，但是因为忙，所以要打坐，只有打坐之后，才有更多的时间，去做你想做的事情。"

内心淡定是智的、安定的、清净的。智慧是不被环境所困扰，安定是不被环境所混乱，清净则是内心不随外境杂乱而杂乱，不随外境的污染而污染。

智慧生活的人，方能在忙碌、紧张、疏离、物质、焦虑的现实生活中寻到自己的心灵净土，从而能够更好地掌控自己的生活。现代人之所以焦虑、苦恼，很多时候就是因为想要的太多，以至于无法放下，自然就会因为得不到而痛苦，然而大多数人都是"需要的很少，想要的太多"，却忘记了知足常乐这样一个简单的道理。

跨入现代社会，每个人的生活都发生着巨大的变化，物质水平得到了提高，精神世界更加丰富，但与此同时，现代人也面临着越来越多的外界困扰。高度紧张的生活让所有人都像是一个陀螺，身不由己地高速运转，责任或者欲望像是一根鞭子，不断地抽打在每个人身上，剥夺了稍作休息的机会。

生活中，每个人其实都拥有了让自己获得幸福的法宝，只是兜兜转转忙忙碌碌的生活让人无法静下心来体悟自己已有的财富，更多时候仍是向上了发条的机器盲目地追求着自己也不确定的目标。

　　有一位女施主，家境非常富裕，不论其财富、地位、能力、权力及漂亮的外表，都没有人能够比得上，她却郁郁寡欢，连个谈心的人也没有。于是她就去请教无德禅师，如何才能获得幸福。

　　无德禅师告诉她："你能随时随地和各种人合作，并具有和佛一样的慈悲胸怀，讲些禅话，听些禅音，做些禅事，用些禅心，那你就能成为有魅力的人。"

　　女施主听后，问道："禅话怎么讲呢？"

　　无德禅师道："禅话，就是说欢喜的话，说真实的话，说谦虚的话，说利人的话。"

　　女施主又问道："禅音怎么听呢？"

　　无德禅师道："禅音就是化一切音声为微妙的音声，把辱骂的音声转为慈悲的音声，把毁谤音、哭声闹声、粗声丑声转为称赞的音声，那就是禅音了。"

　　女施主再问道："禅事怎么做呢？"

　　无德禅师："禅事就是布施的事，慈善的事，服务的事，合乎佛法的事。"

　　女施主更进一步问道："禅心是什么呢？"

　　无德禅师道："禅心就是你我一如的心，圣凡一致的心，包容一切的心，普利一切的心。"

　　女施主听后，一改从前的骄气，在人前不再夸耀自己的财富，不再自恃自我的美丽，对人总谦恭有礼，对眷属尤能体恤关怀，不久就被夸为"最具魅力的施主"了！

　　经过禅师的教导，这位女施主心念一转，魅力立刻就在她的身上呈现出来了。

原来幸福距离每个人都是这么近，急于向更远处寻找幸福的人，何时才能悟到这个道理呢？智慧生活的女人，总能淡定、从容地面对生活中的每一天，并能够以积极的生活态度发现人生的真、善、美好，每一天都会被快乐包围。

淡定的女人能够将智慧融入生活，就能在生活中实现自我的超越。生活中的美好原本就是存在的，只是我们没有及时发现。生活中处处需要智慧，无处不呈现着禅的生命。现实生活虽日益繁乱，但是如果我们从生活中发现智慧的活法，让智慧与生活融为一体，便能享受到如诗如画、恬适安详的生活了。

淡定的女人如果将智慧融入现实生活之中，我们的人生就会充满了愉悦而幸福的一面。那时候，"采菊东篱下，悠然见南山"的恬淡心境就不仅存在于陶渊明的千古绝唱中，而"溪声尽是广长舌，山色无非清净身"的得禅苑清音也将在每个智慧女性的身边唱响。

聪明的女人懂得知足常乐

常常听到女性朋友在闲聊时会说这样的话："你瞧，她穿得多好呀，经常逛街买衣服；她女儿学习可好了，今年又得奖了；还有她老公特别能干，家里有房有车，看人家多幸福。"说这话的女人就不懂得知足常乐的道理。

老子在《道德经》中说："祸莫大于不知足。"意思是说，知足者才能常乐。孟子说："养心莫善于寡欲；其为人也寡欲，虽有不存焉者，寡矣；其为人也多欲，虽有存焉者，寡矣。"说的也是知足常乐的道理。

知足常乐的道理人人都懂得，但真正能付诸实践的却不多。许多人不可谓不聪明，但却由于不知足，贪心过重，为外物所役使，终日奔波于名利场中，每日抑郁沉闷，不知人生之乐。当我们用一颗知足的心去面对这个世界，你会发现这个世界其实很美好。

梁凤仪，作家、商人、家庭主妇。她是香港最会赚钱、最富有的女人之一，她在商界运筹帷幄、叱咤风云。她的经历充满传奇，她以积极的人生态度与广博的胸怀，把自己锤炼成可以从容应对各种磨难的商人。尽管时光流逝、岁月磨蚀，但是那个在我们青春年少时勾画梦想的女作家却留在了记忆深处。

从1989年推出第一部小说《尽在不言中》后，成为风靡一时的畅销作家，已发表小说、散文一百余部。她才思敏捷，任由意念在文字中跃动，意念动处，文随之舞。

商场沉浮，成与败，总是交替出现，没人能操控坎坷与机缘的轮回。而她，始终保持敏锐和警觉，从未曾松懈。看得见的名利背后，是看不见的淡定、达观和永不言弃。她用勤奋和智慧铸就了梁凤仪传奇。

从1989年，推出第一部小说起，梁凤仪就以畅销作家的面目为外人熟知，而她是个出色的商人却鲜为人知。她1979年开始在商界奋斗，创办过香港首间菲佣介绍所，从事过证券金融广告等行业，是香港商界知名的女强人。1986年开始以业余身份为香港报章撰写专栏，1989年起开始写作言情小说，并创办"勤＋缘"出版社，以商业的方式将自己的作品大规模推广至我国内地、台湾，以及加拿大和东南亚等地。

目前，梁凤仪已对外宣布将封笔 10 年，专心经商。作为 20 世纪风靡华语阅读圈的香港女作家急流勇退，她还是一个知足常乐的人，认为对自己的期望已经超额完成。梁凤仪说，"如非要我选择，我想我最愿意做的还是家庭主妇，其次是商人，最后才是作家。"她曾经对女性朋友讲，女人不管在外面在自己的公司里有多强势，可是在家庭中，要是以先生为主。

在梁凤仪看来，女人不要把自己的理想放得很高，甚至高过你本身的条件，当你如何努力都无法达成目标的时候，你肯定无法幸福。有一句话叫知足常乐，每个人都希望当艺术家当大作家，希望付出简单的劳动就能够得到丰厚的回报，怎么可能呢？每个人应该根据自己的条件设定自己的追求，从而达到的目标就是获得幸福的标准。任何人都应该诚实地面对自己的先天条件，在面对现实的基础上加上后天的努力而获得的生活水平就是幸福了，这是你一定可以达到的幸福。

梁凤仪说："女人获得幸福的关键因素在于，女人要了解自己的愿望和理想是什么，我的理想跟我的先天条件结合起来后，我有没有机会达到，这个衡量的标准你从小就要有，要知道自己的能力和条件，然后拟定自己的理想，这样会使你更容易得达到目标。"

女人学会了知足，无论风云怎样变幻莫测，都能泰然处之。聪明的女人懂得知足常乐，她们能够以一颗平常心去对待现在的处境，而用一颗进取心去开创美好的未来。因为知足，便没有了患得患失，没有了负担，轻装上阵自然如鱼得水。所以，今天已有知足不是放弃努力和追求，相反，是对自己过去努力的肯定，为下一次的付出提供一个良好的心态。

人是一种欲望动物，而且不同的人，其所拥有的欲望也不尽相同。有人贪图名利，有人留恋肉欲，还有人则希望得到丰富的物质世界……当你的目光转向一个目标时，获取时你是快乐的。但同时你的欲望会悄悄作祟，让你从这次的得到中窥伺下一次更大的欲望。很快快乐消失，忧虑、不满、抱怨、愤怒随之而来，愈演愈烈。

在实际生活中，很多女人经常因为欲望偏执，总是患得患失，一叶障目。在得失之间，让心灵蒙尘，久而久之就会积重难返。贪欲膨胀会搅扰我们的内心，我们无法再淡对诱惑，内心一旦慌乱，就会迷失方向。

汤玛斯·富勒说："满足不在于多加燃料，而在于减少火苗；不在于累积财富，而在于减少欲念。"智慧的女人懂得控制欲望，让自己知足常乐，否则再大的胃口都无法填满，贪多的结果只会带来无穷尽的烦恼和麻烦。控制我们的欲望，使我们从欲念的无底深渊中得到释放与自由，是快乐的始发站。

女人，学会知足，因为知足的女人总是会笑口常开，并怀有感恩与赞美之心。知足的女人，胸怀宽广，不会追求海市蜃楼的生活。女人，学会知足，美丽就会常在！

洞察世事，谢绝繁华

在物欲横流的滚滚红尘中，女人应该擦亮慧眼，能够洞察世事，并敢于击破纷扰。只有这样，才能做到身在尘世，不受名利诱惑，谢绝繁华，回归简朴，成为一个内心真正的洒脱的睿智女人。

只有经过了世事的纷乱和潮起潮落的人生，女人那颗细腻柔软的心才磨砺得淡然、朴实，它不张扬、不喧嚣、不妖艳，不再做年少时的无病呻吟，不再有不切实际的幻想，不再会手高眼低去投机。她们不再重视名利之类的形式化的东西，而是从心中真正体悟人生的真谛。

　　13岁的李叔同就能写出"人生犹似西山月，富贵终如草上霜"的诗句，佛意十足。他自己也真正视名利如浮云，飘然出家，是为弘一法师。

　　出家，不过出的是家门，人仍在红尘内，名与利仍然如炎夏的蔓藤伸出小而软的触手，纠缠不清。做和尚也是有三六九等的，普通僧人青灯古卷，寒衣草履；有权势的僧人也会出入高屋庙堂与政要周旋，来往前呼后拥，排场十足。弘一法师对此深感愧惜，而他自己对功名利禄则是毫无兴趣。

　　弘一法师总是极力避免陷入名利的泥沼自污其身，因此他从不轻易接受善男信女的礼拜供养。他每到一处弘法，都要先立三约：一不为人师，二不开欢迎会，三不登报吹嘘。他谢绝俗缘，很少跟在俗中人来往，尤其注意不与官场人士接触。

　　那时法师在温州庆福寺闭关静修时，温州道尹张宗祥慕名前来拜访。能与道尹结交，是一般人求之不得的事情，法师却拒不相见。无奈张宗祥深慕法师大名，非见不可，弘一法师的师父寂山法师只好拿着张宗祥的名片代为求情，弘一法师央告师父，甚至落泪："师父慈悲！师父慈悲！弟子出家，非谋衣食，纯为了生死大事，妻子亦均抛弃，况朋友乎？乞婉言告以抱病不见客可也！"

　　张道尹无奈，只好怏怏而去。

弘一法师可谓是看清了人世间的繁华与喧嚣，他洁身自好，拒绝一切身外之物，以免玷污自身。淡定女人在畅达时不张狂，挫折时不消沉，她在潮起潮落的人生戏台上，历练了较高的涵养和从容、淡定的定力，举重若轻，击节而歌。"采菊东篱下，悠然见南山"，以一份洒脱娴静的心态来面对喧嚣的红尘。

　　清风阵阵，落花无语，留香阵阵，以淡定从容的态度面对人生，这种境界也许难以企及，但是我们应该走在追求这种境界的路上。著名演员梅婷就是一个拒绝繁华和诱惑，心存美好的女人。

　　梅婷出身于南京一个军人家庭，还在读小学时就进了前线歌舞团的校外班，在那里学了五年舞蹈。毕业后正式进入前线歌舞团，跳古典舞。自从《红色恋人》《不要和陌生人说话》问世后，梅婷这个名字和一张温和、端庄的脸就频频出现在娱乐圈里。

　　1994 年，梅婷瞒着家人、团里，偷偷报考了北京电影学院。专业课顺利过关，文化课却吃了闭门羹，原因是还没有转业、部队不给出证明，考不了。两年后，最终她还是坚决退了役。这次，她一心一意要考中央戏剧学院。转业当年 9 月，梅婷兴高采烈地来到北京，与章子怡、袁泉等一起成为中央戏剧学院 96 级的风景。

　　梅婷离婚后，有媒体把鄢颇塑造成了一个不怎么"靠谱"的男人，但她没有多说过人家一句。她表示自己和鄢颇之间还维持着友好关系，最好的证明就是她离婚后的第一部电影就是由鄢颇导演的《我们结婚吧》。"想着也觉得挺讽刺的，才离婚，就拍了这个戏，还是讲结婚的。"梅婷的房子不是别墅而公寓式的，装修完全是她自己设计的，简约的欧式风格，很有现代感。必备的床、沙发等家具，她是看了很多书以后自己画图订制的。后来再将其他的摆设一点点慢慢添置起来。梅婷不认为房子大就会带来舒适，也不觉得住在城区交通就一定便利。她说："即使在二环边上，出门遇到堵车也会耗掉好几个小时。并不是住在郊区就一定能够远离城市的喧嚣繁杂，即使住在城区，只要关起门来，谢绝一切繁华和诱惑，依旧可以拥有一片自己的宁静空间。"不拍戏的时候，瑜伽是梅婷最为喜爱的放松方式之一。在舒缓的音乐声中，静下心来调整呼吸，慢慢舒展自己的身体。她非常重视为自己充电，她说："我必须不停地给自己做补充，女人是一本活到老学到老的书，要把自己填满。"

虽然，梅婷并没能与她的同学章子怡并称"四小花旦"，但她跟她们一样熠熠生辉。身在繁华的娱乐圈，梅婷始终在做自己的人生选择题，那就是谢绝繁华，保持内心的宁静，不为名利所左右。

从梅婷身上可以看到，一种脚踏实地的平实，是一种洞察世事的睿智。它丰富而不肤浅、它恬淡而不聒噪、它理性而不盲从。是谢绝繁华后的一种人生积淀。这是一种人生难以企及的最高境界，它能将人的灵魂洗刷得安然诒尽，让女人的自然超俗淡淡绽放于曾经弥留的滚滚红尘之外。

第十章

雅致心境：颐境，逆境，皆是体验

苦乐旅途：放淡悲苦从容应对

生活中，有些女人总是不能从容地面对遇到的伤悲和痛苦。失业时，她们就仿佛失去了生活的支柱，无法生存于世；失恋时，她们会痛哭欲绝，仿佛对爱情彻底绝望；哪怕遇到一个很小的问题，她们就会牢骚满腹，抱怨连天。事实上，她们不过是放大了痛苦，事情并没有糟糕到她们所说的程度。

人生的旅途中，难免会经历痛苦和挫折，淡定的女人总是淡化痛苦，积极想出解决的方法，从容地走出逆境。如果痛苦是一勺盐，我们用什么容器来盛，是水杯，是盆，还是池塘、河流，决定了痛苦带给我们的感觉。

从前有一位大师，也有一位徒弟每天都愁眉苦脸、喋喋不休地抱怨。一天，他看到徒弟又是一脸苦瓜相，就让他去取一些盐回来。当徒弟很不情愿地把盐取回来后，大师就让徒弟把盐倒进一个水杯里，搅拌使其溶化，然后喝一口。徒弟喝了一口立即吐了出来，皱着眉说："咸死了。"

大师笑着让徒弟带一些盐和自己一起去湖边。来到湖边后，大师让徒弟把盐撒进湖水里，又对徒弟说："现在你喝点湖水。"徒弟喝了口湖水。大师问："有什么味道？"徒弟回答："很清凉。"大师问："尝到咸味了吗？"徒弟说："没有。"

于是，大师坐在这个喜欢自怨自艾的徒弟身边，意味深长地说："其实人生的苦痛和悲伤就如同这些数量有限的盐，而这些痛苦和悲伤的程度取决于我们承受痛苦和悲伤的容积的大小。所以当你感到痛苦和悲伤时，就把你承受的容积放大些，不是一杯水，而是一个湖时候，你就不觉得痛苦和悲伤了。"

的确，很多时候，人们陷入痛苦不能自拔不是因为那个痛苦本身有多大，而是因为我们盛放它的心胸太小了，无意中放大了痛苦。可以说，心胸与痛苦的大小是成反比的，如果一个人能够做到心胸宽广，那么他心里的痛苦就显得很渺小了；如果他的心胸狭窄，那么在他心里就会有许多的想不通，许多的抱怨，痛苦的折磨感就会随之变大。

有人曾经对于"职场女性痛苦指数"做了一个调查，得出职场女性的痛苦指数高达 67.19 分。女人的痛苦指数之所以如此高，不能以乐观的心态面对挫折是重要原因之一。女人相对男人而言，承受力差，心胸狭窄，痛苦的感觉就重了。因此，女性要想过得快乐，就要学会淡化痛苦，放大胸怀。

女人，你经历了风霜苦难，深知生的宝贵，爱的弥珍；女人，你游遍了苦乐旅途，所以你能卸下悲苦，从容笑看人生逆境。

朱安是一个典型的传统女性，她不识字，但识礼节懂礼仪，性格宽厚温和。29岁时，经亲戚斡旋，许配给小她三岁的鲁迅。当时，鲁迅正在东洋留学，被一封母亲虚报急病的电报骗回来成亲。婚礼第四天，鲁迅便和二弟周作人启程东渡日本，一去就是三年。

可以想到，新嫁娘朱安是多么尴尬而不安，难堪又无地自容，她也不知所措，只有独守新房。作为一个没有文化的旧式女人，在婚姻中一直就处于最被动的地位，嫁入周门的朱安，却遭遇如此难测难解境遇，估计是她怎么也预料不到的。至此，她永生的苦命是注定了。

三年后，寂守空房的朱安似乎盼到了希望，看到一点光明，她的丈夫回国了，她企盼借此与夫君重新聚合。但出乎意料，被她称作"大先生"的丈夫周树人，在家乡找到一份教职后，很少回家，就是在家，也很少和朱安说话。后来鲁迅又远赴北平谋了职位，于是在漫长年月，他们都是分居。这个以婚姻为人生归宿的旧式女子，对"大先生"唯命是从。全心全意待候好"大先生"和婆母。她揽起全部家务担子并任劳任怨，所以，朱安很得鲁迅母亲鲁瑞的喜爱。

1912年初，周树人应蔡元培之邀，来到北平在教育部任职，后来他购置了西直门八道湾11号的房子，于是，朱安随着婆婆鲁瑞来到北平。在这里，尽管生活在同一屋檐下，"大先生"待她仍然形同路人，与她分室而居。在北方城市连语言也难听懂的她，自然显得更孤寂无助。

1923年夏，只因两兄弟反目，鲁迅迁出八道湾，同时他给朱安两个选择，一是留在八道湾，一是回绍兴娘家。对于朱安来说，这两个选择都把自己逼上绝路。兄弟互不相容，她又怎能继续住在小叔子家中。而回到绍兴，就成了丈夫不容的弃妇，这无疑更是条绝路。

于是，朱安提出来，总要有人照应鲁迅的生活，她愿意承担这份责任。鲁迅同意了她的请求。这让一颗心一直悬着的朱安十分欣慰，她一直在想着改善与丈夫的关系，她曾对家人说过："过去大先生和我不好，我想好好地照顾他，一切顺着他，将来总会好的。"

也算天遂朱安所愿，他们搬迁到砖塔胡同不久，鲁迅肺病发作，并且病情十分严重，朱安竭尽所能地照顾丈夫。经过了十七年的婚姻，这是她拥有最长久与丈夫单独相处的机会。

鲁迅过世后，尚有八十余岁老母鲁瑞，朱安就要面对家用不足的事实，家里的生活愈来愈困难了，日常开支唯有周作人、许广平汇款接济。在这困顿又悲哀时刻，一生从未迁怨过别人的朱安对许广平也一直心存感激，朱安说过，"许先生待我极好，她懂得我的想法，她肯维持我，她的确是个好人。"

自鲁迅 1926 年离开北京后，朱安一直陪伴在鲁迅的母亲身旁。鲁迅母亲 1943 年去世，这个没有得到爱情的旧式女子独自守护故居，直到 1947 年 6 月去世，像影子一样消失在这个寂寞的世间。

朱安，只是个平凡的女人，悲苦一生，据说并不漂亮，也没有一点活力，但是她终其一生，恪守心底的那份执着，命运弄人，是从容之心支撑她看淡自己的尴尬身份，安然走完一生。

一个苦命的女人说过这样的话："我好比是一只蜗牛，从墙底一点一点往上爬，爬得虽慢，总有一天会爬到墙顶的。"这个命运悲苦的女人就是朱安，但是她却正如她的名字一般，人生苦乐旅程，一直以一份雅致的心境安然以对，从容处之。

人的精力总是有限的，快乐的事情想得多了，不快乐的事情肯定想得少；相反，不快乐的事情想得多了，快乐的事情肯定想得少。正因为这样，有些人虽然也有许多痛苦，但因为他们的专注点和兴奋点，都在寻找快乐上，用快乐之水冲淡了苦味儿，所以他们的心是快乐的。

人生就像一艘在大海上航行的船，不可能是永远一帆风顺的，会遇到风暴，会遇到冰山，也会失去方向。所以，我们要积极乐观的心态去缓解痛苦，释放负面情绪。让我们努力做一个淡定的女人，学会笑对苦难，突破困境，战胜痛苦，从而活出自己的风采。

处变不惊，笑对人生中的逆境

在现实生活中，我们常看到这样的女人，她们会因自己角色的卑微而否定自己的能力，因自己一时身处逆境而放弃为梦想而努力。如此一来，原本可以走出困境，取得成就的她们，就这样被流于世俗，成为社会底层中平庸者。其实，我们完全可以处变不惊，笑对人生中的逆境。

霍兰德说："在最黑的土地上生长着最娇艳的花朵，那些最伟岸挺拔的树木总是在最陡峭的岩石中扎根昂首向天。"坚强的女性不会被磨难吓倒，反而把它们当作是把逆境变成成功路上的前奏。

正如孟子所说：天将降大任于斯人。历览世间成大事者，皆是经历了一番寒霜苦的结果，没有人能够绕过。苦难可以培养浩然正气，孕育卓越英才，成就辉煌人生。

在 20 世纪 60 年代，香草出生在一个贫穷的山村家庭。她也曾渴望着与同龄人一起背着书包坐在课堂里聆听老师的教诲。然而，窘迫的家庭经济条件，还是让她失去了上学读书的机会。尽管如此，大山里那灵性的凝聚，让她拥有了智慧；山间那陡峭的小路，磨炼了她的意志，让她懂得了坚强；纯朴民风的熏陶，让她有了博大的胸怀。长大成人后的香草凭借自己的勤奋努力，成了村里同龄女孩子中的佼佼者。经人介绍，她与本乡的一位技艺精湛的年轻石匠走到了一起。

婚后不久，丈夫为了尽快改变贫困的生活条件，惜别新婚的爱妻，走出大山，凭借手艺独闯江湖。而香草则留守家中，耕作田地，照顾父母，抚育孩子。当改革的春风吹遍大江南北，商海的大潮汹涌澎湃的时候，善于观察事物捕捉信息的她，精明地看到了大山蕴含的商机。于是她筹措资金，一边料理家务，一边早出晚归，从林户手中收购木材，做起了长途木材贩运的生意。

机遇总是垂青那些有准备的人，而抓住机遇的人总是在辛苦中第一个尝到甜头。财富在两点一线的运输中聚集，心中埋藏已久的建造一幢当地少有的"洋房"的最高目标也在夫妻俩的埋头苦干中拔地而起。一个美满幸福的家庭在一对儿女的欢笑声中回荡着，在村民的羡慕中他们感到自慰，勤劳致富带来的甜蜜使这对夫妇憧憬着美好的未来。

然而，月有阴晴圆缺，人有旦夕福祸。灾难总是在人们毫无思想准备的情况下突然降临。一天，当香草为孩子做好饭后，又去押运运输木材外出销售。由于陡峭的简易机耕路崎岖不平，路基在雨水的浸泡下松软，驾驶员遇到紧急情况又处置不当，运输车不慎翻入近 30 米的山涧中。坐在驾驶室里随车押运的香草在车子的翻滚中不幸被摔出，腰部和左腿被车上滚落的木头砸伤，左脚的胫骨和腓骨两节粉碎性骨折，鲜血直流，一度昏迷。

因伤势过重，香草被送往市医院，随又转往上海市人民医院住院治疗，先后花去医疗费用几十万元。尽管如此，她还是落下了终身残疾。两腿长短不一，最后不得不再做手术安装假肢，成了肢体残疾人中的一员。就在香草与厄运抗争的过程中，老天爷又似乎在捉弄她，考验她，摧毁她。

在香草进行治疗恢复期间，丈夫骑摩托车外出办事，被汽车撞倒，受伤昏迷路边，幸被路过的好心人救起，送往县医院治疗，腿部也受伤致残。原本健康的两个人，而今双双成了残疾人。更令人心酸的是夫妻俩呕心沥血建造的"洋房"，由于地质灾害造成的山体滑坡，顷刻间被掩埋和摧毁。接二连三的飞来横祸，使陈香草原本富裕的家庭变成了"一穷二白"。

人是要有点精神的。面对残疾，她最终没有低头，用自强不息的精神激励自己；面对病痛，她最终没有退却，以热爱生活的态度锐意进取；面对残酷的命运，她最终没有倒下，以惊人的毅力，克服困难，继续弹奏催人奋进的乐章。她依靠县残联和当地政府及村两委会的无微不至的关怀与支持，以多付出于常人一倍甚至是几倍的辛苦，从家庭作坊开始，一步一步地走上了规模经营和自强致富之路。

一个绝不向命运屈服的女强人，如今已是一个木制品公司老总的香草，短发披头，笑容可掬。她没有叹息岁月的年轮在她脸上刻下的深深印痕；没有嗟叹岁月的风霜染白了双鬓，在她不屈的灵魂、生命的乐章里，每一个音符都凝结着深沉和豪放，每一个音符里都阐述着坦诚和希望，每一个音符里都升华着绚丽和辉煌。

生命的美在于拼搏和创造。英国科学家贝弗里说过："人最出色的工作在于逆境情况下做出，思想上的压力，甚至肉体上的痛苦，都可能成为精神上的兴奋剂。"理想的花，要靠汗水浇灌，汗水是滋润灵魂的甘露，双手是理想飞翔的翅膀。

很多女人在生活中遇到变故时，总会不停地埋怨："为什么是我？上天对我太不公平了。"即使流尽眼泪，哭瞎眼睛，依然无济于事，对事情没有任何帮助。与其如此，不如选择坚强积极面对。试想：如果钟爱东下岗后自甘堕落，如果当洪水淹没她的鱼塘时，她终日衰叹，那么我们现在看到的绝不是一个成功的女企业家，只能是一个可怜的失败者。前事不忘，后事之师，能够笑对逆境中的女人，永远都是生活的强者。因为她们明白，每一次不幸并非都是灾难，逆境通常是一种幸运。与困难做斗争为日后面对更大的人生挫折积累了丰富的经验。

巴尔扎克曾说："苦难对于天才是一块垫脚石。对于能干的人是一笔财富，对弱者是一个万丈深渊。"逆境是一个人的练金石，有人在逆境中站得更直，也有人在逆境中倒下，这其中的差别，在于个人是消极逃避还是坦然面对。站起来便能成就更好的自己；倒下的自怨自怜悲叹不已的人，注定只能继续哭泣。

处变不惊，方能笑对人生中的逆境。面对幸运的美德是节制，面对逆境所需要的美德是坚韧。一些在风雨中，苦难中挣扎的女性，走进她们的内心世界，才体验到生活的路原来坑坑洼洼，坎坷崎岖是的，但她们的生命却有着更美丽的色彩。

困难是磨炼英雄的炉锤。如果不是它的敲打，又怎么会有锋利的宝剑？当困难来临时，女人应该多一些淡然，多一些冷静和沉着，成功的脚步也就走的更快，更稳。

伏久者飞必高，开先者谢独早

生活中，有些女人一遇困难，就变得手足无措，总是企求别人的帮助，而不是自己想办法克服困难。其实，很多女性并不是不能克服困难，她们只是害怕忍受痛苦的经历，畏惧挑战和挫折。殊不知，忍耐是一剂良药，使自己镇静，酝酿成功。

常言说：大忍大益，小忍小益，不忍不益，忍耐的过程是辛酸的，忍耐的结果是美好的，学会忍耐，受益一生。忍耐可以伴随着痛苦、失意和挫折，但因为如此，女人的毅力才会因痛苦的磨炼而坚强，思想才会因承受挫折而成长，内心才会因经历了失意而变得成熟。

女人，会因学会会忍耐而变得温柔。伏久者飞必高，开先者谢独早。女人，为了使自己更加长久地绽放，请学会积淀与忍耐的力量吧。

著名词人李清照，身为一个士大夫阶层的大家闺秀，出身于富贵，可以跟着家人到街头，观赏奇巧的花灯和繁华的街景，这不仅陶冶了她的性情，也丰富了她的精神生活。少年时代快乐的生活，在她的词中表现出明快清新的风格。

直到 18 岁结婚，她与赵明诚与丈夫情投意合，如胶似漆，过着幸福美好的生活。因而这一时期写的诗词多是描述少妇的闲适之情、慵懒之态和离愁别绪。然而好景不长，朝中新旧党争愈演愈烈，一对鸳鸯被活活拆散，赵李隔河相望，饱尝相思之苦。

当目睹了国破家亡和感情失意的李清照，在这一时期她表现了别样的豪迈，写下"生当作人杰，死亦为鬼雄。至今思项羽，不肯过江东。"诸如此类令人传诵的经典名句。

如果不是承受了生命中的苦难，李清照也许一生都不会有那样的心情，更不可能写下这些经久不衰的诗句。一个女人，只有不断地经历，勇于尝试，才能不断地成长和完善。单一意味着平庸和浅薄，多一份经历就会多一次磨炼，多一次积累经验的机会，一次挫折就是一份财富，能够让女人受益终生。

成功的光彩和绚丽是需要付出辛酸和痛苦的代价，我们只有经历了才能真正体会。面对挫折时，淡定的女人会做到不争不燥、不温不怒和不气不馁，学会用忍耐来砥砺品行、磨炼意志和锻炼作风。柏拉图说："如果你无法逃避，那么你要做的就是忍受。假如命运安排你注定要忍受这一切，如果你不能忍受就是犯傻。忍耐是成功的基础。"

生活的磨难可以磨炼我们的意志，使我们更坚强。所以，成功者总是将挫折当成人生最好的教材，不断地学习来充实自己。而对女人本身而言，忍耐也是保养身心的绝佳方式。懂得承受和忍耐痛苦的女人不生气，不悲观，不与人争论不休。

欠欠是一名会计，和老公结婚后过着甜蜜的二人世界。但是有一天，欠欠的婆婆出门买菜时，不小心滑倒，摔伤了小腿。欠欠的老公工作时间比较长，根本抽不时间去照顾婆婆，而公公是饭来张口衣来伸手的那种人，平时连自己都照顾不了，更不可能去照顾摔伤的老伴了。而欠欠朝九晚五的工作时间，非常合适抽出时间来照顾老人。于是，重担就落在了欠欠的肩上。她是个懒散惯了的人，心中很想推辞，但却又不好意思说出口。

欠欠本以为，每天过去做做饭，收拾下屋子就算完事了。没想到拼命干活的同时，还要听婆婆的唠叨声：地扫得不干净啦！被子叠得不整齐啦！做的饭菜不可口啦等等。欠欠心想，自己算什么，你们家请的保姆吗？就算是保姆你还得给发工资吧！每天大老远跑过来干活，累死累活不说，却还换来一大堆抱怨。

欠欠在公公婆婆面前受了委屈，回到家就会把气撒在老公身上。男人知道欠欠很累，刚开始对她好言相劝，但是欠欠总是发脾气，男人听久了，实在忍不住时，便和欠欠大吵一顿。吵了几次以后，欠欠就拒绝去照看婆婆。如果老公硬要她去的话，她就跑去和公婆又吵又闹。

夫妻之间的吵架永远只是两个人的事，但是让一方或者双方的父母加入了战争，就成了天大的事。其实欠欠本来可以忍一忍的，只要再忍一段时间婆婆的病痊愈了，她就可以解放了。但是，尽管欠欠并没有做错什么，甚至还很辛苦，但是不忍耐让欠欠毁掉了自己的婚姻。当老公要和欠欠离婚时，公公婆婆也不肯帮欠欠说好话。

对于女人来说，忍耐是一种意志、一种智慧、一种修养、一种境界，更是一种成熟人性的自我完善。忍耐不是一味地逆来顺受，不是茫然失措的结果，而是一种主动收缩和战略调整，是为了韬光养晦，积蓄能量，等待时机再成正果。善忍耐者必然有大智慧、大视野和大心胸。

伏久者飞必高，开先者谢独早。在人生的漫漫旅途中，女人的一生不可能一帆风顺，难免会遭遇一些磕磕碰碰、会经历一些苦难彷徨，甚至会身陷一些艰难险境，这都是自然的，关键是面对这些坎坷和困境的时候，人要时刻保持一种平和的心态，坦然面对现实。

痛苦不过是成长路上的营养

每个女人都希望有着漂亮的外貌、丰富的内涵，希望拥有一份体面而赚钱的工作，希望嫁一个英俊潇洒的男人过着幸福而甜蜜的生活……没有人不想幸福快乐地生活，然而现实生活不尽如人意，我们却经常不能左右生活，因为痛苦烦恼总是不期而至，尽管我们无法逃避，但我们可以把痛苦看作是成长路上给予的营养。

玛丽亚原本有一个幸福的家庭，爱她的父母。快乐长大后的玛丽亚，万万没有想到有一天，她的生命中会遭受如此的痛苦。

正在上大学的玛丽亚和一个男人相爱了。天真的她以为爱情就是一切，死心塌地地爱着那个男人，当这个男人发现她怀孕后，却无情抛弃了她，并不负不责任地一走了之。学校知道玛丽亚未婚先孕的事情后，通知了她的父母。

一时间，同学们都在对她指指点点，好像在说这是一个坏女孩。而父母更是视无法接受女儿的这种不知羞耻的行为，而拒绝让女儿进入家门。玛丽亚无法在学校待下去，又遭受了爱情和亲情的抛弃，绝望之下想到离开这个世界。

她站在 300 米高的大桥上，俯瞰脚下碧波万顷，她没有恐惧，心凉如水。抚着微隆的肚皮，那里隐隐传来的一息脉动给她最后的温暖，细密的雨湿了她的头发，顺颊而下的水珠泪珠又冻结了这一星微温。

这一天，似乎是玛丽亚生命中最灰暗的一天，但是她却在最痛快的时候重新看到了生活的希望。在玛丽亚自怜自伤的时刻，她能感到不远处有一双眼睛望着她。她转身看到一个清秀的年轻男子。这样的天气爬上这样高的大桥，除了他俩，再没第三个人。他们彼此心照不宣，来到这里的人，绝不会是为了悠闲看风景。

四目交汇的瞬间，玛丽亚看到那双眼睛里盛满了浓得化不开的哀伤，还有一丝疑惑关切，她仿佛看到另外一双自己的眼睛。于是，身处同样境地的两人似乎了惺惺相惜之情，开始了交流。

经过交谈，玛丽亚了解到他也是一个万念俱灰的可怜人，他青梅竹马的未婚妻在婚礼前几天突遇车祸身亡。

"玛丽亚，你比我幸运，你失去的只是一个不爱你也不值得你爱的人；而我失去的是一个真心相爱的人，而且永远没有再挽回的余地了。"

"拥有一份真爱，就没有遗憾，是你比我幸运！我的生活里只有背叛和抛弃。为了你的未婚妻，为了她在天堂能安息，你也应该勇敢地活下去，不该这样颓废。"

"是的，时间也许可以帮助我，也一定会帮助你，没有什么问题是解决不了的，你现在还这么年轻，还会有更加美好的感情在前方等着你……"

他们是一对准备抛弃余生的人，所以他们都把自己当最后一个聊天对象，聊了很久。谈话中发现一个比自己更痛苦不堪的人，同时，他们也意识到自己的痛苦在别人眼里不过是一粒尘埃。但对自己来说，也不过生活给予他们成长路上的营养。于是，他们彼此鼓励，决定勇敢面对自己的不幸，然后他们手牵手从危险的桥上慢慢下来……

　　人生只有经历不幸才会体会幸福，才会懂得珍惜生活。在每个女人的一生中，总会有一个人让你笑得最甜，也总会有一个人让你痛得最深。忘记一切，就是最好的善待自己。人生的过程不过就是失与得，看淡了也就轻松了，一切都只不过是过眼云烟，如果真的忘不了，就默默地珍藏在心底的最深处，藏到岁月的烟尘触及不到的地方……

　　有谚语说：生活是一枚硬币，一面是欢乐，一面是痛苦，通常你只能看到一面，但是别忘了，马上就轮到下一面了。绝望放弃的时刻，不论对于生命还是信念，再等一等，再坚持一下吧，下一秒，也许你的硬币就会翻面。

　　快乐从来不是永恒的，痛苦也只是个过程，没有谁能拒绝春天来临，没有谁能永远都做好梦。漫漫旅途中，或许感到疲惫，也许有些沉重，总是逃不开痛苦的羁绊，但只要有一份美丽的心情，就会觉得欣慰，就会充满自信。

　　在淡定的女人眼中，痛苦只是一粒微不足道的尘埃，它可以给予成长的营养，让我们走得更顺畅。让我们保持一份雅致的心境，好好地珍惜人生，尽情地拥抱生活，虽然辛苦，也会咀嚼出甘甜与芬芳的味道！

在苦乐的流转轮回中悠然过往

林语堂先生说："人生譬如一出滑稽剧。有时还是做一个旁观者，静观而微笑，胜如自身参与一分子。"的确，人生充满了悲欢离合，每个人都是可以从悲苦中看到欢乐，在悲中看到喜，于拘束中感到自由，于刻薄慵懒里寻找到惬意。

在整个生命的过程中，无论我们面对的是怎样的境遇，无论是欢喜还是悲伤，生离还是老去，都是一个过程，都是每个人必要走的路。既然必须经历，就应该勇敢地走下去，去享受这一切。淡定的女人懂得珍惜和敬畏生命，而不会任悲伤放大，让痛苦蔓延。

黄美之本名黄正，作家。曾就读南京金陵女大，后又转到广州中山大学就读，次年随母亲、姐姐到台湾，在台湾进入孙立人创立的女青年大队。黄正继而担任孙的英文秘书，两人发生婚外情缘。不久与其姐姐黄珏因为受到孙牵连，以"泄露军机"罪名坐牢十年。

1960 年出狱后，移居美国洛杉矶。五十年来，她用独特的生命历程和写作情感，持续创作着游记、小说、散文等文学作品。

后来，姐妹俩获得平反，各获新台币四百万元的冤狱赔偿。黄美之拿这笔钱设立了"美国德维文学会"。黄美之于 1963 年与在台工作的美籍涉外官员傅礼士结婚，育有一女。傅礼士已过世，黄美之目前定居美国洛杉矶。

十年牢狱，让她的生活陷入到了谷底。一连串波折后，她感悟到："虽未能使我世事洞明，倒也了解了及时行乐。"谈及她的文学创作，她风趣地说，平日里练书法、作画、写作，但字不如画，画不及写作。一旦进入写作天地，就会自我陶醉，忘乎一切，感觉到激情澎湃。

这些年来，她创作了《烽火丽人》《不与红尘结缘》《伤痕》《八千里路云和月》《尘沙》《深情》《欢喜》《流转》等作品。至今，她还乐此不疲地在电脑上写作。

黄美之在随夫流转的日子里，感受过印第安人的乡土风情，体验过阿香地族的凳子文化，品味过柬埔寨首都金边的悲情，欣赏过东非肯亚的维多利亚湖，考证过墓石镇的不涕山，畅游过安哥洼大庙，朝圣过葡萄牙的法蒂玛村。

当谈到与孙立人的那段感情时，她说："仰慕英雄，也有恋父情结。事后可以很理性的分析，可是当时不知道，就是陶醉。清醒了很难过，不得了，闯了祸了。当时很矛盾。很珍惜，也很想逃离。我很明白我还有前途要奔走，我很珍惜孙将军的柔情蜜意，但也不能辜负我父母的期望。"

当提到与其姐姐黄珏因为受到孙立人牵连，以"泄露军机"罪名坐牢十年。她淡然地表示，"凭良心讲，我谢谢蒋经国先生，他把我拽出来了。不过关太久了。如果关一两年，我感谢万分；十年太多了。不过还是谢谢他硬是把我拽出来。因为有了感情是很难分离的。"

黄美之的一生，可以说是一路风雨，遭受过十年的牢狱之苦，也随丈夫到过各地流转，同时她还是一名华人作家。虽然已是八十多岁高龄，黄美之却有着敏捷的思维，乐观的心态、孩童般的纯真。回首往事时，她慨叹良多。

一个人可以温和，却不能没有骨气；可以理智，却不能冷血；他应是哲人也是诗人，是斗士也是学者，能冷眼旁观，也可古道热肠。这样的人才是饱含深情的热爱生活的人，而生活，也会回馈给他最精彩的人生。

　　一个勇敢地面对生活悲苦的女人，才是生活的智者，才能体会到生活里的那丝甘甜，才能享受繁忙和浮躁的生活表面下的闲适与逍遥。最大的生活哲学莫过于敬畏生活，敬畏生活就是好好地活下去，在苦乐轮回中悠然地看待过往，让自己过得快乐和洒脱。

　　六年前，袁圆和老公从贵州老家来到深圳打拼，没想到老公禁不起外面世界的诱惑，跟情人私奔了。袁圆在一家私营企业里打工，孤身一人带着儿子艰难地维持着生活。但祸不单行，命运又一次捉弄最她：企业亏损严重，不得不宣布破产。真可谓雪上加霜，怎么办？儿子正在读高中，马上就要考大学了，到时候，一年的费用需要一两万，袁圆明白，她必须用自己柔弱的肩膀担起这一头家，把儿子拉扯大，抚养成人。

　　可是，当她拿着自己的简历，跑了十几家公司，却没有被一家录用。满大街都是大学生，谁肯接收她这个只有高中文化的中年妇女呢？一筹莫展的袁圆只好在家政公司找了一份钟点工的工作。但无论她怎样努力的工作，这份微薄的收入也难以维持她和儿子的日常开支。

　　无奈之下，袁圆决定背水一战，拿出所有的家底儿买了一辆六成新的二手车，考取驾照一个月后，做起了黑车拉客的生意。她也清楚，这样做意味着冒很大风险，但是她但是走投无路，没有别的办法，只能孤注一掷了。

　　第一天上路，袁圆心慌意乱，手脚也不听使唤了，她在心里默念着，千万别出意外，可越怕有事它就越来事儿，在一个红绿灯口，袁圆那辆破车就跟她较上了劲儿，怎么也启动不了了，眼看后面的车队排起了长龙，阻塞了交通，她急得满头大汗，六神无主，只好走下车来，连声道歉，并求助后面的司机帮她把车开到了路边。

经过一段时间的锻炼，袁圆很快就驾轻就熟了。一天早上，袁圆的车上上来了一个朴素的中年男人，按照他的吩咐，袁圆很快把他送到了目的地。男人付了钱，临下车时很礼貌地对她说："大姐，你可以在这儿等我一下吗？一会儿我办完事，还坐你的车！"

袁圆欣然应允。时间一分一秒地过去了一个多钟头，在这期间，袁圆放走了很多客人，可中年男人还没有出现，袁圆心想：他不该是忽悠我吧？看他的举止谈吐，应该不是，还是再等等吧！终于，在袁圆等待了三个小时，中年男人才从写字楼里出来了，他看到静静等候在路边的袁圆，十分讶异："你怎么还在这里？我以为你早就走了呢？"袁圆说："既然答应了你的事，我就要信守承诺。"

袁圆的话感动了这个男人，这个中年男人就是袁圆现在就职的公司的老总，也是袁圆的现任老公。

袁圆经历了人生的苦乐，现如今，回眸凝笑，能够悠然地看待过往一位哲人说："当幻想和现实面对时，总是很痛苦的。要么你被痛苦击倒，要么你把痛苦踩在脚下。"每个人对人生的意义领悟不尽相同，但睿智的女人会把自己的一生看作等待与希望的苦乐人生，当她们悄然地经历了岁月，会蓦然发现一切——不过是悠然过往。

第十一章
人生风浪无常，心中常植一株忘忧草

昂头走下坡路，低头走上坡路

人生本来就有高潮和低谷，可是人们总是喜欢有鲜花和掌声包围的人生巅峰，拒绝际遇不顺的下坡路。事实上，哪个成就非凡的人不是从一名默默无闻的小人物开始的。看娱乐圈的众多明星，在成名之前，几乎都经过了人生的低谷，经过努力才收获今日的光辉。

心态淡定、内心坚毅的女人，当遇到失意或挫折时，总是时刻保持灿烂的笑容，乐观地看待人生的起起落落。因为她们知道，只有抬头看清自己所处的境地，以极目能远望到远见，以"海纳百川"的气概鞭策自己，而不要有任何形式的消极厌世，颓唐沮丧。

一天，一个农民拖着沉甸甸的板车疲惫地来到了山脚下。望着前面那一段长长的上坡路，她不禁畏而却步。心想，今天靠自己一个人绝对拉不上去了，肯定得有人帮一把才行正在为难之际，正巧过来了一个热心的路人。路人看出了他的窘境，对他说："没关系，我来帮你。"说着，便利落地卷起袖子，拉开一副推车的架势。

于是，我就咬紧牙使劲地拉车。在热心人"加油，加油"的鼓劲声中，他们终于将车拉到了坡顶。当这个农民去感谢热心人的鼎力相助时，没想到他却说："你用不着感谢我。这两天我的腰扭伤了，根本就不能用劲。我只是喊喊'加油'而已。能将这趟车拉上去，全靠的是你自己。"

人生之路并非一马平川，并非无须费劲就能轻松前行。许多时候，正是由于我们在低谷时放弃了向"上坡路"走的努力，便白白地错失了成功的良机。结果便是半途而废，无功而返。在女人的下坡路，尤其需要确立目标，定位人生。实现目标，就是升华人生，而为目标拼搏，就是充实人生。

作为在两岸三地都备受欢迎的综艺节目主持人吴宗宪透露自己长红不衰的秘籍：人生是从走下坡路开始的。吴宗宪从 20 世纪 80 年代后期进军综艺节目至今，凭借独特的主持风格迅速走红、收视率居高不下。

吴宗宪幼时家境小康。直至升上国中，父亲生意失败，家中陷入困境。求学之路并不十分顺利的吴宗宪，从小就经常被拿来跟品学兼优的兄姊做比较。吴宗宪高中念了五所学校、大学三所，都未能毕业。因此，吴宗宪正式领有毕业证书的学历只有国中毕业。

吴宗宪十六岁时只身前往台北发展，拒绝家里的经济资助。他住在顶楼加盖的简陋房子，只有一张桌子、一张床。少年时的吴宗宪曾在加油站工作，在一次帮一辆奔驰汽车加油时，因为疏忽没把加油枪卡紧，弄脏了车子。女性车主要求赔钱，并辱骂吴宗宪。结果吴宗宪拿着自己的洗脸毛巾跪在地上帮擦轮胎，又被站长罚站了两个小时。当时他就发誓：将来我一定要开比你更好的车！

吴宗宪在年轻人的观众族群中颇受欢迎；但嘴贱爱乱讲话、爱挖苦人、爱开黄腔、不尊重女性、自身负面新闻不断，颇让人诟病。2009 年 6 月 16 日，台湾一上市公司进行董事改选，台湾综艺天王吴宗宪被推选为新一届董事长，成为台湾上市公司第一个艺人董事长。

素有"超级印钞机"之称的吴宗宪在演艺圈打拼多年，旗下的产业众多，包括餐厅、商场健身房，甚至科技产业。近年来，虽然经历隐瞒婚姻、殴打女友、绯闻不断等风波，但他依然拥有其遍地开花的综艺节目和人脉。他凭借反应快速与机灵滑头形成独特的"吴氏搞笑风格"。他坦言自己在五六年前就想过退休，但没有成功。

对于"有一天走下坡路"的假设，宪哥表现得极其坦然："走下坡才是我人生快乐的开始。人在高潮中，享受成就，掌声；在低潮中，才能享受人生。我现在主持七个节目、拍一个电视剧，还有两部电影，我自己的时间在哪里？我躺下来还没来得及卸装脱衣服就已经睡着了，这不是很悲哀吗？有一天如果我不红了，就可以牵着心爱的小黄狗，拉着可爱的小儿子，走在黄昏的街道上，那才是真正的人生。"

就人生的轨迹来说，不管你当多大的官，做何种显赫的工作，你总有一天要从岗位上退下来，就像一个登山运动员登上再高的山也要回到地面，就像一架飞机续航能力再强也要降落一样，这是自然规律，谁也无法抗拒，无力摆脱，无须回避。

　　一位哲人说："走'上坡'路要低头，走'下坡'路要抬头。"人生处在上坡路的时往往是光彩照人的，低头走路，不仅仅是为了避免喜极而泣，乐极兰悲，而是要我们在这欣喜欲狂之时好好看一看，人生要走的道路该是多么漫长、曲折而艰辛。

　　每段"下坡路"都可能是一个新的起点，如果你想使自己以后的人生过得充实而有意义，你就要给自己确立目标，你就得昂头看清前进的方向努力去实现目标。上坡也罢，下坡也罢，关键在于选择路径的状况，而且在于你"行走"时的人生哲学。

　　一个女人，不管在光彩照人的高潮还是黯然失色的低谷，都要把握住自己的方向，哪怕命运的坐标不小心为我们指错了方向，在面对人生的下坡路时，也要多一份从容和耐心，树立目标，昂首以对。稚菊终需历寒冬，因此，女性朋友要淡看人生下坡路，在人生的任何一个路段，安然走好！

看淡人生沉浮事，一蓑烟雨任平生

　　人生十有八九不如意。其实，人活着就是一种心态，当你心若旁骛，淡看人生苦痛，淡泊名利，心态积极而平衡，有所求而有所不求，有所为而有所不为，不刻意掩饰自己，不用势利逢迎他人，才能找回真真正正的自我。

　　淡定的女人会淡然地看待人生的沉浮事，一蓑烟雨任平生。如此这般，人生就算失意，也会无所谓得与失，坦坦荡荡，真真切切，平平静静，快快乐乐。自然的存在本来就有缺憾，事事顺达毕竟是少数。纵观历史古今，但凡做出大成就者必经大挫折、大磨难，方才悟出生命的真谛。

嘉祐元年（1056年），二十岁的苏轼首次出川赴京，参加朝廷的科举考试。翌年，他参加了礼部的考试，以一篇《刑赏忠厚之至论》获得主考官欧阳修的赏识，却因欧阳修误认为是自己的弟子曾巩所作，为了避嫌，使他只得第二。

嘉祐六年（1061年），苏轼应中制科考试，即通常所谓的"三年京察"，入第三等，为"百年第一"，授大理评事、签书凤翔府判官。后逢其母于汴京病故，丁忧扶丧归里。熙宁二年（1069年）服满还朝，仍授本职。

苏轼入朝为官之时，正是北宋开始出现政治危机的时候，繁荣的背后隐藏着危机，此时神宗即位，任用王安石支持变法。苏轼的许多师友，包括当初赏识他的恩师欧阳修在内，因在新法的施行上与新任宰相王安石政见不合，被迫离京。朝野旧雨凋零，苏轼眼中所见，已不是他二十岁时所见的"平和世界"。

苏轼因在返京的途中见到新法对普通老百姓的损害，又因其政治思想保守，很不同意参知政事王安石的做法，认为新法不能便民，便上书反对。这样做的一个结果，便是像他的那些被迫离京的师友一样，不容于朝廷。于是苏轼自求外放，调任杭州通判。从此，苏轼终其一生都对王安石等变法派存有某种误解。

苏轼在杭州待了三年，任满后，被调往密州（山东诸城）、徐州、湖州等地，任知州县令。政绩显赫，深得民心。

这样的生活持续了大概十年，苏轼遇到了生平第一祸事。当时有人（李定等人）故意把他的诗句扭曲，以讽刺新法为名大做文章。

元丰二年（1079年），苏轼到任湖州还不到三个月，就因为作诗讽刺新法，网织"文字毁谤君相"的网罗罪名，被捕入狱，史称"乌台诗案"。

苏轼坐牢一百零三天，几次濒临被砍头的境地。幸亏北宋时期在太祖赵匡胤年间即定下不杀士大夫的国策，苏轼才算躲过一劫。

出狱以后，苏轼被降职为黄州（今湖北黄冈市）团练副使（相当于现代民间的自卫队副队长）。这个职位相当低微，并无实权，而此时苏轼经此一役已变得心灰意冷，苏轼到任后，心情郁闷，曾多次到黄州城外的赤壁山游览，写下了《前赤壁赋》《后赤壁赋》和《念奴娇·赤壁怀古》等千古名作，以此来寄托他谪居时的思想感情。于公余便带领家人开垦城东的一块坡地，种田帮补生计。"东坡居士"的别号便是他在这时起的。

宋神宗元丰七年（1084年），苏轼离开黄州，奉诏赴汝州就任。由于长途跋涉，旅途劳顿，苏轼的幼儿不幸夭折。汝州路途遥远，且路费已尽，再加上丧子之痛，苏轼便上书朝廷，请求暂时不去汝州，先到常州居住，后被批准。当他准要南返常州时，神宗驾崩。

年幼哲宗即位，高太后听政，以王安石为首新党被打压，司马光重新被启用为相。苏轼复为朝奉郎知登州（蓬莱）。四个月后，以礼部郎中被召还朝。在朝半月，升起居舍人，三个月后，升中书舍人，不久又升翰林学士知制诰（为皇帝起草诏书的秘书，三品），知礼部贡举。

当苏轼看到新兴势力拼命压制王安石集团的人物及尽废新法后，认为其所谓"王党"不过一丘之貉，再次向皇帝提出谏议。他对旧党执政后，暴露出的腐败现象进行了抨击，由此，他又引起了保守势力的极力反对，于是又遭诬告陷害。

苏轼至此是既不能容于新党，又不能见谅于旧党，因而再度自求外调。他以龙图阁学士的身份，再次回到了阔别了十六年的杭州当太守。

林语堂先生曾经总结过东坡的一生，说他既当过"高考状元"，也有过偶像崇拜；既喜爱西湖的美景，又不忘河豚的鲜美；既写诗填词作文章，又挥汗弯腰种田；既荒唐地向神求雨，又严肃地兴修水利；既对亡妻一往情深，又对歌女百般爱怜；既深夜醉酒，又早起灭蝗；既对命运有所抱怨，又对人生充满感激……看他一路走过，犹如欣赏绝美的画卷，倾听起伏的乐章……

苏轼的后半生依旧是浮浮沉沉，飘飘荡荡，但他却能以一颗淡然的心去面对。正是如此，才有了那一首千古绝唱："莫听穿林打叶声，何妨吟啸且徐行。竹杖芒鞋轻胜马，谁怕？一蓑烟雨任平生。料峭春风吹酒醒。微冷，山头斜照却相迎。回首向来萧瑟处，归去，也无风雨也无晴。"

东坡的一生，始终游走在入世、出世和遗世之间。正是经历内心中剪不断、理还乱的纠结，最后才醒悟。身处浮世之中，我们要有一个正确的心态，才可以让生命如虎添翼，抽出一切浮躁在心中的恶水，注入一股清新的泉流，还一个清静的灵魂，容江海之天下。

淡定的女人在寻求真正的幸福是往往遵循自然起伏变化规律，尊重内心的意愿，不强求自己，做自己应该做的事情。看淡人生沉浮事，一蓑烟雨任平生。这不一定是老年人方有的境界。一个女人，如果你的经历足够丰富，你的头脑足够睿智，你的心胸足够豁达，你也可以安然地在竹林细雨中，何妨吟啸且徐行。

口水自干——淡定地面对别人的嘲笑

生活中，很多女性朋友特别在意他人对自己的看法，害怕自己的行为引为他人的嘲笑或非议，因而她们总是小心翼翼地做人，谨慎地做事，这样活得太累了。甚至有的女人面对众人的口水，去无端地怀疑自己，将自己的人生放在了别人的舌头之下。其实，只要我们淡然地面对别人的嘲笑，自然会口水自干。

每个人都难免会遇到来自他人有意或无意的嘲笑。多数女人面对这种情况，往往会生气，会发怒，甚至会做出一些冲动的行为，来报复或打击别人对自己的嘲笑。事实上，面对别人的嘲笑，与其生气，我们还不如保持宽广的胸襟，让自己有点雅量，这不仅是一种做人智慧，更能让自己享受不生气的活法。

美国前总统的福特曾经是一名橄榄球运动员，而且擅长滑雪、打高尔夫球和网球这几项运动。他在62岁进入白宫时，体质依然很好。一次，福特出国访问，在下飞机时，由于脚滑跌倒了。尽管他及时跳了起来，并没有受伤。

事情总是那么凑巧。福特当天又在被雨淋滑了的长梯上滑倒了两次，险些跌下来。随即记者们大肆渲染起来，添油加醋地把消息向全世界报道。甚至有人传说：福特总统笨手笨脚，行动不灵敏。

一时间，人们都在传播这件事。甚至有媒体期待看到总统撞伤头部，或者扭伤胫骨，或者受点轻伤之类的来吸引读者。电视节目主持人甚至也公开开福特总统的玩笑。有一个喜剧党员还公开模仿总统滑倒和跌跤的动作。

福特的新闻秘书曾经对此提出抗议。但效果并不理想。对此，福特却一次演讲中公开表示：自己是一个活动家，活动家比任何人都容易跌跤。后来，福特又在华盛顿广播电视记者协会年会公开表演自己伴装摔倒的情形。

有时候，嘲笑者的就是希望从被嘲笑的对象那里看到窘迫、狼狈、恼怒等反应中获得快感。这时，我们可以对嘲笑或挖苦的语言报之一笑，甚至是根本不理。这样一来，嘲笑人的人无法达到想要的目的，自然也就不了了之。

如果是你的熟人或同事开一些无伤大雅的玩笑，如果你完全不理会嘲笑并不是最佳选择。因为如果你不给予回应，会被嘲笑者认为是不解风情，给人以木讷、死板的印象。这时最好的选择是：他们嘲笑你什么，你就主动承认什么，主动自嘲。

对待善意的嘲笑，我们可以一笑而过，完全没有必要计较。针对待那些恶意的嘲笑，我们要灵活对待。

他生于美国长岛一个海滨小村庄。5岁那年，他们全家搬迁到纽约布鲁克林区，父亲在那儿做木工，承建房座，他在那儿也开始上小学。由于生活穷困，他只读了5年小学，便辍学在印刷厂做学徒了。工作虽然辛苦，却没有阻止他爱上浪漫的诗歌，他像发疯一样，没日没夜地写。

1855年7月4日，他自费出版了第一本诗集，初版印了1000册。薄薄的小书只有95页，包括十二首诗和一篇序。绿色的封面，封底上画了几株嫩草、几朵小花。他兴奋地拿了几本样书回家，弟弟乔治只是翻了一下，认为不值得一读，就弃之一旁。他的母亲也是一样，根本没有读过它。一个星期之后，他的父亲因风瘫病去世，也没有看过儿子的作品。

拿出去卖，很可惜，一本都没卖掉。他只好把这些诗集全都送了人，但也没有得到好报。著名诗人朗费罗、赫姆士、罗成尔等人则不予理睬，大诗人惠蒂埃把他收到的一本干脆投进火里，林肯看后也险些给家里的女流们烧掉。

社会上的批评更是铺天盖地，对他一大堆臭骂。伦敦《评论》报认为"作者的诗作违背了传统诗歌的艺术。他不懂艺术，正像畜生不懂数学一样"。波士顿《通讯员》则把这本诗集称为"浮夸、自大、庸俗和无种的杂凑"，甚至写他是个疯子，"除了给他一顿鞭子，我们想不出更好的办法"。连他的服装、相貌都成为嘲笑的对象，"看他那副模样，就能断定他写不出好诗来"。

铺天盖地的嘲笑和谩骂声，像冰冷的河水，浇灭了他所有的激情。他失望了，开始怀疑自己：我是不是根本就不是写诗的料？就在他几近绝望时，远在马萨诸塞州康科德的一位大诗人被他那创新的写法、不押韵的格式、新颖的思想内容打动了。大诗人随即写了一封信，给这些诗以极高的评价：

"亲爱的先生，对于才华横溢的诗集，我认为它是美国至今所能贡献的最了不起的聪明才智的菁华。我在读它的时候，感到十分愉快。它是奇妙的、有着无法形容的魔力、有可怕的眼睛和水牛的精神，我为您的自由和勇敢的思想而高兴……"

这真诚的夸奖和赞誉，一下子点燃了作者心中那将要熄灭的火焰。他从此坚定了自己写诗的信念，一发而不可收。

他成为具有世界声誉和世界意义的伟大诗人，他唯一的诗集也成了美国乃至人类诗歌史上的经典。他就是现代美国诗歌之父——瓦尔特·惠特曼，那部诗集的名字叫《草叶集》。而当年那位写信对他予以赞美和鼓励的诗人，叫爱默生。

爱默生说："在我的眼里，没有野草，野草只是还没有被发现用处的植物。"所以，当惠特曼沉浸在对自己的失望的痛苦中时，他根本就没有意识到自己正在创造人类的奇迹，而他自己也已经成了全世界最伟大的诗人之一。

睿智的女人面对嘲笑有一种潇洒和自信，她们不会冲动地反击或报复，而是以淡定的心态面对恶意的攻击和排斥，进行必要的沟通和了解，具体情况具体分析，人的一种本能的反应而已。

严格说来，"偏见只是一个无知的孩子"，只是一个惯性思维所犯下的经验性错误，所以我们应该以优雅淡定的姿态来对待别人的嘲笑，对待生活中的这一点儿不公平，而无须把事情想得太复杂，更无须对别人的嘲笑抱有敌意。

每个人都有可能会被别人扣错第一颗扣子，但是我们没有必要为此扣错余下的所有扣子。要相信：真相总会口水自干，所以做一个优雅的女人，淡定地面对别人的嘲笑，时间会给嘲笑者一个有力的回击。

起落皆安然，笑对得与失

人的一生会面对许多的岔口，而被困惑不已的琐事所纠缠着，也许你会难以取舍，向左还是向右？向前还是向后？其实，得失是同时存的。因为失去了绿色，却得到了丰硕的金秋。失去了太阳，却换来了繁星满天。淡定的女人总会豁达地面对悲喜，微笑都会对待得失，失意时不退缩，得意时不浮躁。

2006 年 10 月 11 日，胡润富豪榜发榜当天，49 岁的张茵身在美国。几乎在一夜之间，张茵这个名字红遍了大江南北。而"女首富"张茵的出现也打破了一直以来富豪榜的翘楚之位皆为男士的格局。

富豪榜制造者胡润说，张茵是全世界最富有的独立创业女性，中国商业女性的角色已发生了"戏剧性的变化"。这个曾经拒绝登上榜单的造纸业女强人行事低调，为人谦恭。事实上，在这之前，人们对张茵几乎一无所知。

张茵祖籍黑龙江省鸡西市，1957 年出生于广东韶关，在东莞读书长大，父母都是"南下"军队干部。1982 年，张茵终于有机会攻读她喜爱的财会专业，为她日后的成功奠定了良好的基础。

1985 年，27 岁的张茵放弃了国内优厚的工薪和住房，仅带了 3 万元人民币来到香港闯荡。短短几年内，张茵的生意在香港得到迅速发展，并建立了自己的纸行和打包厂。

1990 年 2 月，张茵来到了全世界造纸业最发达的国家之一美国，开始了新的创业。10 年里，张茵建立的美国中南有限公司先后在美建起了 7 家打包厂和运输企业。

10 年前，张茵想做全美废纸回收出口大王，这一愿望很快实现了。10 年后，她又有了新的梦想，那就是在中国实现年产包装纸100 万吨，成为中国牛卡纸大王。张茵 1996 年在广东东莞投资 1.1亿美元生产牛卡纸。

在胡润富豪榜发布前 7 个月，玖龙纸业在香港上市，这成为张茵事业上的转折点，也是她一跃登上胡润财富榜榜魁的主因。自从张茵成为女首富后，关于玖龙纸业的关注度被提高，负面新闻越来越多。

2007年12月，东莞麻涌玖龙纸业几百名工人情绪激动地聚集在厂门口公路上。导火索是一份新劳动合同，根据此合同，清洁、卫生等辅助型、非技术工人将整体外包给专业服务管理公司管理，工人过往工龄一笔勾销，另外，新劳动合同也将与劳务公司签署。玖龙在麻涌共有工人7000多名，受新管理制度波及的有2000余名，抗议者多来自原料部，那是一个在循环造纸工业中相对劳动条件最差的部门。

12月14日，玖龙纸业股票受罢工事件拖累下挫5.6％。张茵解释，"这是场误会"，而降低薪水、解雇临时工则"纯属谣言"。之后，玖龙又表明，仍会以公司名义，直接与员工签订合同。

春节过后，张茵赴美国去看望儿子，直到"两会"前才回来，着手准备作为全国政协委员的提案。也许是3个月前的罢工事件令她记忆犹新，她在提案中建议完善《劳动合同法》，取消无固定期限的劳动合同，以3—5年的有限劳动合同取而代之等一系列建议。

这份提案，击中了中国劳资界最敏感的神经，一经披露，犹如火上浇油。因玖龙亚洲最大包装纸生产商的地位和围绕张茵"女首富"的耀眼光环，影响迅速发散，批评接踵而至。

不久后，《2008年首季香港上市企业内地血汗工厂报告》出炉，还有一个颇具杀伤力的副标题："'女首富'张茵的玖龙纸业如何剥削中国工人！"报告中说，玖龙纸业工伤事故严重，"月月有工伤，季季有死人"；劳动条件恶劣，不提供劳保用品如手套、帽子、鞋子、防护眼镜等；经常巨额罚款，《员工手册》共有87条罚款规则等等，直指玖龙为"港企之耻"，认为张茵应辞去政协委员之职。

"冤，太冤了！应该去和同类型的企业做横向比较嘛，'血汗工厂'，怎么能这么定位我?!"东莞麻涌每天都有数十个记者在工厂附近徘徊，还有人换上了玖龙的工装去工厂内部拍照。玖龙人心惶惶，张茵和律师商量后决定：暂不对外界做出任何反应。"这个时候，我发现不能去请人来澄清，你找的人，说话谁信呀？"

几日后，省工会致电张茵，要来跟玖龙核对一些调查数据，这些数据证明玖龙并非所谓的"血汗工厂"。接到这个电话，张说她终于"哇"的一声哭出来。

"这么大一个企业发展这么快，你总得给我时间，除了吃饭睡觉的时间再多给一点，有问题提出来，你让我去整改，我早有计划去整改的，但像SACOM这样拿炮轰我，我心里很难过。"张茵会激动地敲着桌面。

面对公司这一系列危机及其造成的负面影响，张茵说，"我们永远欢迎善意的关注，作为一家负责任的企业，我们有勇气面对并致力于改善企业管理中的一些不够周全的地方。大家可以随时参观考察我们的企业，看看玖龙到底是个什么样子。"

危机过去了，玖龙还在继续。张茵从一个平凡的女人到一个中国女首富。她可谓经历了人生的起起落落，真正做到了以安然的心去面对这些年的曲折经历，她说自己很享受这种具有挑战性的人生。

人的一生总有高潮和低谷，睿智的女人已看开人生中的起起落落，该得到的不要错过，该失去的，洒脱得放弃，不必太在意，拥有时珍惜，失去后不说遗憾；过多的在乎将人生的乐趣减半，看淡了一切也就多了生命的释然。

任世间沉沉浮浮我心依然淡定如初

　　每个人都在终日为了明天的生活忙碌追寻，或跌倒，或一路狂奔。我们都是世间平凡的女子，不管是坐拥亿万资产的顶级富豪，还是为了生存下去在都市漂泊的蚁族们。他们该做的事似乎只有一个，为了明天而开始浮浮沉沉的无止境奔波。

　　睿智的女人会任世间沉浮，在内心依然淡定如初。没有什么事情是办不到的，因为昨天的梦想，可以是今天的希望，还可以是明天的现实。有人认为只有完全脱离了现代生活的凡尘俗世，才能真正做到我心悠然，其实不然。只要心中无杂念，身处闹世又何妨？

　　无相禅师行脚时，因口渴而四处寻找水源，这时看到有一个青年在池塘里打水车，无相禅师就向青年要了一杯水喝。

　　青年以一种羡慕的口吻说道："禅师！如果有一天我看破红尘，我肯定会跟您一样出家。不过，我出家后不会像您那样到处行脚、居无定所，我会找一个隐居的地方，好好参禅打坐，永远不再抛头露面。"

　　无相禅师含笑问道："那你什么时候会看破红尘呢？"

　　青年答道："我们这一带就数我最了解水车的性质了，全村的人都以此为主要水源，如果有人能接替我照顾水车，让我无牵无挂，我就可以出家，走自己的路了。"

　　无相禅师问道："最了解水车的人，我问你，水车全部浸在水里，或完全离开水面会怎样呢？"

　　青年答道："车是靠下半部置于水中，上半部逆流而转的原理来工作的，如果把水车全部浸在水里，水车不但无法转动，甚至会被急流冲走；同样的，水车若完全离开水面也不能车上水来。"

无相禅师说道："车与水流的关系不正说明了淡定与浮华的关系？如果一个人即便身幽静的山谷，如果心系世间繁华，也难保不会被五欲红尘的潮流冲走；倘一个从内心做到淡定从容，与世无争，则人生必然宁静、诗意。"

倘若一个人过于看重得失，久而久之，必将陷于生活的烦琐和苦恼之中，在现实生活中的恩怨、情欲、得失、利害、关系、成败、对错里纠缠辗转，难以超脱出来；反之，若是能够做到冷眼旁观世间的变幻，而从不被欲望而迷惑，才能做到真正的淡定。

在纷纷扰扰的世界中，虽然环境一直在改变，经历的事情也在跟着变化，但是我们不需要用各种精巧的装饰去改变自己的心灵，不要让更多的生活负累扭曲了内心最初的航向，我们需要的只是让内在原有的美无瑕地表现出来。

有一本书叫作《我希望能看见》，它的作者彼纪儿·戴尔是一个几乎瞎了 50 年之久的女人，她在书中写道："我只有一只眼睛，而眼睛上还满是疤痕，只能透过眼睛左边的一个小洞去看。看书的时候必须把书本拿得很贴近脸，而且不得不把我那一只眼睛尽量往左边倾斜过去。"

可是她从不羡慕别人的生活，也不自卑，像正常人那样要求自己。拒绝接受别人的怜悯，不愿意别人认为她"异于常人"。但她从小的愿望就是做一名传道授业解惑的教师，她坚信自己将是一个与众不同的人，必定有一个不平凡的人生。

当别人的小孩子在一起玩耍的时候，她从不为看不到而难过，而是在家里看书，她把印着大字的书靠近她的脸，近到眼睫毛都碰到书本上了。后来，她得到两个学位：先在明尼苏达州立大学得到学士学位，再在哥伦比亚大学得到硕士学位。终于，她可以做一名教师了。

她开始教书的时候，是在明尼苏达州双谷的一个小村庄里，那是一个偏僻的小山村。从来留不住优秀的教师，而她却不抱怨恶劣的环境和落后的教学条件，每天都充满热情地上课，高兴地与孩子们在一起玩耍。

当很多教师都在想方设法找路子为晋升职位或获得更高的职称时，她从不心动。不争名，不夺利，只是认真而努力地干好自己的工作。由于她出色的表现，后来逐渐升到南德可塔州奥格塔那学院的新闻学和文学教授。

在南德可塔州奥格塔那学院教了13年书，虽然她从不觉得自己有多么优秀，但还是有很多人来拜访她，要求她到妇女俱乐部发表演说，并被力邀做电台主持节目。她说："在我的内心深处，从不名利所困扰，但我常常怀着一种淡定的心态生活，不管世间沉浮，否则我将没有更多的时间和精力去完成自己梦想。于是，我对生活采取了一种很快活而近乎戏谑的态度。"

然而在她52岁的时候，一个奇迹发生了。她在著名的梅育诊所施行了一次手术，使她的视力提高了40倍。这时，尽管她眼前展现的是一个全新的、令人兴奋的、可爱的世界，可她却说："视力的提高虽然可以方便我生活。但对我内心而言并无多大意义，因为无论我能否看到光明，我的心中从来没有黑暗。"

当我们去审视和叩问自己的心灵，能否像彼纪儿·戴尔那样在浮世中保持自己我？生活中的阴云和不测不知会使多少人活在自怨自艾、患得患失之间，许多人早已习惯了用抱怨和悲伤去迎接生命的各种遭遇，由于自身内心世界的阴晦，使得原本明朗的生活变得灰暗而毫无希望。

淡定的女人能清醒地认识到理想和现实的差距。不好高骛远、缘木求鱼，也不盲目攀比，爱慕虚荣。她们脚踏实地地追求自己所认定的幸福，与世无争地生活着，简单而又快乐；不会太过兴奋而忘乎所以，也不会太过悲伤而痛不欲生；不在乎太多的身外之物，而是执着于自己脚下的路。

看透了人生的本质，便不会一叶障目，被浮华遮蔽了眼睛。人生如水，用淡定如初的心处世做人，便能充分品味水的甘甜。淡定的女人会将自己的心像水一样沉静下来，扫除心中的纷繁芜杂，使心灵更加纯净。

女人，不要等到老之将至，才发现世上的纷纷扰扰与我无关，世上的浮浮沉沉原有宿命，在你意识到你的生命是属于自己的一刻，请控制好自己的心，任世间沉沉浮浮我心依然淡定如初。

幸福是一副锐利的老花眼镜

现实中，多数女人会把自己不快乐的原因归咎于命运的不公和男人的"堕落"。"是男人打碎了我的爱情梦，是命运夺走了我的幸福，连同我仅有一次的青春和美貌！"如此的怨言此起彼伏，仿佛女人就是不幸的代名词，女人的幸福也成了男人的恩赐和偶然的命运的玩笑。女人要知道，幸福是一副锐利的老花眼镜，关键在于朦胧得恰到好处。

晓蝶是特别严谨的女人，工作中总是一板一眼，生活也是一丝不苟。对家庭和感情更是全力以赴，她认为诚实是做最根本的原则，最不能容忍的就是谎言和欺骗。当然，她对自己的婚姻也是深信不疑的，因为她的丈夫是一个老实巴交的男人，工作努力，在家也算勤快。

这天早上，一天从不迟到的晓蝶直到10多点才赶到公司。和她共事多年的惠兰发现她情绪不对，两人的关系与其说是同事，不如是私交甚好的闺蜜。看到晓蝶一言不发地坐到自己的办公桌前，随便而又胡乱地整理着抽屉。惠兰起身倒了杯茶递给她，晓蝶轻声说了声谢谢后，就别过头去悄悄抹了下眼泪。

下班时间到了，惠兰叫上眼神迷茫的晓蝶，一起去楼下的找饭吃。她们刚找个位置坐来，晓蝶就说："我们过不下去了，准备离婚。"其实惠兰已经猜到她可能是跟老公吵架了，但没想到有这么严重，晓蝶这么说让惠兰很是惊讶。因为惠兰知道她的老公是出了名的老好人，平时她也总是把老公的好挂在嘴边，让一帮同事都艳羡不已。

惠兰一脸惊讶地语气："为什么，他出轨了？"

晓蝶说："出轨倒不至于，但他骗了我，至于说明他心里有鬼。昨天他跟我说单位有事，可我问过了，他同事都说不知道，结果他是去参加同学聚会了。晚上我问他为啥要欺骗我，他反倒说我平时疑心重，不敢告诉我，怕我生气上火，这算哪门子的理由啊？"越说越委屈，晓蝶低声啜泣起来。

惠兰听了漫不经心地说："切，我以为发生什么严重的事情，就这点事情就离婚。你把婚姻当作什么了？"

"可是他为什么要骗我？我哪点对不起他了？家里的一日三餐都是我亲手做的，他的袜子衬衫是我亲手买的，家里大大小小的事从来就没让他操过心，对于这个家我付出了多少心血你们都看见的，他却跟我撒谎，还要跟我离，他怎么就这么不长良心啊！"晓蝶激动地说。

惠兰看她情绪如此激动，没有再发表意见，只是任她诉说心中的苦痛与委屈，也许此时她需要的只是发泄，惠兰能做的也只能是聆听。

类似的情景，也许很多女人都遇到过，至于如何处理就不得而知了。其实女人大可不必如此计较，活得太清醒就会斤斤计较，反而让陷入无边的烦恼和痛苦之中。幸福是一副锐利的老花镜，时而清醒，时而糊涂。

有时候婚姻的另一方，一不小心撒了谎，大可不必刻意去揭穿他，更不用和他拼命，就算你洞悉一切，你仍然可以傻傻地笑着说，我只是担心你。潜台词就是我知道，但我不打算计较。特别是有第三方在场的时候，你给他留足了面子，他一定会心存感激，感激你的包容和护佑，会把你当成同盟，当成分享秘密的另一方，这种唾手可得的甜蜜，何必推辞掉？

聪明的女人，三分流水二分尘，不会把所有的事探究个一清二楚，就算你天生有一双火眼金睛，世事洞明，到头来伤了的不仅仅是眼睛，还会连累婚姻，只要把握住婚姻生活的大方向，不偏离正常的轨道，不偏离道德的航线，试试在小事上装一次傻，说不定你会爱上"糊涂"这种生活方式，因为这种方式离幸福很近。

谁让女人不幸福？是女人自己；谁能让女人活着并快乐着，也是女人自己。女人要想幸福，除了在婚姻中可以适当"装傻"，也智慧地面对生活和工作，把握好人生的"度"。

1. 女人不能没事业，但不当工作狂

事业是女人的护身符、定心丸，既是安身立命的保障，也带给女人快乐与自信。没有事业的女人，每天重复那点琐碎生活，就容易变得唠叨，婆婆妈妈，小肚鸡肠，目光如豆。衰老得比谁都快。但如果每天围着工作滴溜溜乱转，而放弃了娱乐休闲，也是很疯狂很异化的。事业只不过是生活的一部分，如果只要工作，成了"男人婆"，别人看着害怕，自己也累得七懵八悴。

2. 不必整天打扮，不可不修边幅

38摄氏度的天气，经常看到女孩子脸上还抹着厚厚的粉。别人出汗都可以洗脸，她出汗却还要不停地涂脂抹粉，别人看着难受，我想她自己也不会觉得舒服。还有不少女人，一结婚生了孩子，从此就开始变得邋里邋遢。皮肤不再保养了，身材也走形了。那些穿着睡衣就到处乱跑的女人，也算是大街上的奇特一景。并不是岁月偷走了女人的美丽，而是许多女人自己放弃了美丽。

3. 不能太奢侈，不必太吝啬

有些女人一拿到工资就花光，然后就开始哭穷。上半个月挥霍无度，下半个月穷困潦倒。这是何苦呢。一毛钱的积蓄都没有，又拿什么以备不时之需？今朝有酒今朝醉，总不是过日子的长久之计。当然也犯不着做守财奴，钱是身外之物，赚了就是为了花的，人生苦短，青春易逝，该吃的吃，该穿的穿，可不要委屈了自己。

总而言之，女人的幸福感是一种个人体验，只有在平衡了家庭、事业、个人之后，才有可能找到属于自己的幸福感。做个聪明的女人，把幸福看成是锐利的老花镜，相信爱情的力量，让婚姻成为爱情的美好延续，以一颗剔透的心看待痛苦的遭遇，点滴聚集幸福，让幸福永远不会透支，让幸福成为透过朦胧的清醒。

第十二章

难得糊涂，难得清醒

慧极必伤，糊涂是福

大抵形容女人有智慧时，人们常用"冰雪聪明"这样看上去晶莹剔透的美丽词语，可是魔鬼辞典上的解释让人笑得打跌——冰雪聪明，意思是聪明得太容易融化。原来，所谓的女人的聪明其实经不住人事的折腾，经不住岁月的风吹雨打，几个回合就败下阵来。要知，女人慧极必伤，糊涂是福。

《红楼梦》宝钗黛的故事演绎大江南北，细说起来，大观园里那么多如花美眷，最后真正幸福的又是谁？论才情，一班人远比不上黛玉，论端庄也都比不上宝钗，但最后，玉带林中挂，金钗雪里埋，还不是醉睡海棠，憨态十足、没心没肺的史湘云？

所以，我们才有那句千古的感叹："女子无才便是德。"女人啊，有的时候不要太聪明，有时候，那些看似"糊涂"的女人反而能够活得轻松，幸福。在很多被人们所熟知的女性中，我们只注意到她们用智慧把生活和事业打点得蒸蒸日上，但忽略了她们在成功的路上也曾有过某次看似不够明智的选择，而成就了今天的风景无限。

意大利著名影星索菲亚·罗兰是以私生子的身份出世，以她没有见过父亲，跟着母亲投奔了那不勒斯的娘家。六岁时，世界大战的战火席卷了家乡，小小的索菲亚终日与战事、恐惧和饥饿相伴，幼年身形瘦小的她，曾被伙伴们嘲笑为"牙签菲亚"。

一直到14岁，索菲亚还是一个洗衣工。贫困加之人们对私生女的歧视，更令索菲亚不快活。14岁时，索菲亚奇迹般地发育成一个丰满动人的少女。母亲立刻为她虚报年龄参加了在那不勒斯举办的选美比赛，从未有过专业训练的她，居然由此获得了"海洋公主"的美称。

此后，母亲确信索菲亚"将来一定会成为一名巨星"。索菲亚对此却不以为然。但她拗不过母亲，还是跟着母亲来到罗马寻找更好的发展机遇。为了获得上戏的机会，这段时间，索菲亚不时谎称自己会说英文、会游泳而争取角色，结果惹出不少笑话。

于是，她意识到这种看似"聪明"的方式并没有给自己带来任何帮助。在随后的一次试镜时，她竟然糊涂地拒绝了导演的要求。

当时，索菲亚原本是得到和当时一个著名导演合作的机会，但是该导演说，她鼻子太高，臀部太大。要求她去做整容手术，把鼻子和臀部修整一下。抓住了这个机会，可以说她就可以从此一举名，成为一个令人仰慕的大明星。这在当时是数以千计的女演员梦寐以求的事情，但索菲亚愚蠢在这个要求。所有人都觉得她疯了——拒绝导演的请求，拒绝一夜成名的机会，拒绝通往五光十色的生活。

索菲亚·罗兰说："我就是长了这样的一个鼻子和臀部，这是我的特色！我不但不想改变它，还要让千百万观众接受并喜欢它！"所幸那名导演被她的不同凡响震住了，否则这世界银幕上必定少了这样一位光彩夺目的明星。

索菲亚若答应了导演的要求，做了整容手术，那么她也就失去了自己的个性和特点，也许就会再出现一个国际的影星。索菲亚"愚蠢"地拒绝了导演的条件，反而以一种看似糊涂的方式成就了自己。由此可见，糊涂也能带给人幸运，能把"糊涂"发挥得淋漓尽致的女人才是真正的智者。

我们的人生常常是这样的，在成长的过程里，老师家长教育的永远是不要犯糊涂，不要干蠢事，中国语言里褒义词贬义词一目了然，我们都被这样的一目了然匡了起来，毫无还手之力，都在努力，积极向上地做一个聪明的孩子，恨不得人人都是心有七窍，八八生意八八做，但是生活就是生活，生活的真相就是千变万化，千差万别，哪有那么多的正确那么的无懈可击。

杨惠珊，中国台湾电影女演员。湖南湘潭人。1952年在台湾出生。曾就读于台中静宜女子文理学院。在学期间参加台湾电视公司拍摄的电视连续剧《朵朵浪花》《金玉盟》等，从此爱上演戏，辍学加入台湾中央电视台任演员，专心于演艺事业。1976年开始涉足影坛，两年后因主演影片《错误的第一步》而打开了知名度。

没有任何学院训练的背景，只凭自学的无比毅力，杨惠姗走出了一条别人想也不敢想的艰苦道路，在演艺的路也取得非凡成绩。杨惠姗在从影的十年间，总共拍摄了近130多部影片。她曾两度获得台湾最高的电影奖项金马奖。

令人很多人大为不解的是，杨惠姗在事业的巅峰时期，毅然息影。在那个年代曾经独步台湾表演艺术的巅峰，但是，在最美的时候，她抖落满身星光，滑落至零点，隐默在琉璃与火的简陋工棚。很多人觉得不可理解，为之扼腕，她也经历了世态炎凉，受尽煎熬与折磨。

面对世人的非议和不解，杨惠姗"愚蠢"在退居幕后，投身中国现代琉璃艺术，与名导演张毅共同创立琉璃工房，苦心研究特殊的琉璃脱蜡精铸法。但在几年之后，当她再度出现在世人面前之时，这位昔日的女电影明星捧出的琉璃，是那样流光溢彩，华美绝伦，让湮没了两千年的中国琉璃重新开始诉说，这个时候，人们才在她的艺术生涯里读懂了什么是"华丽转身"。

如今，杨惠姗琉璃工房的工艺品深爱海内外人士的喜爱，工房先后到日本、意大利、新加坡、瑞士、美国、捷克、英国、南非，以及我国香港、北京、上海展出，在国际艺术界引起很大的回响。

没有杨惠姗离开影视时曾经做的"糊涂事"，今天的人们也不可能看到一个"琉璃女皇"。古语言：失之东隅，收之桑榆，想来得到和失去，聪明和糊涂，玲珑和愚蠢也不过就是转念之间，哪有那么泾渭分明的界线。其实，慧极必伤，糊涂是福，女人真正的聪明是一种生活的智慧，这种智慧，往往被称为——大智若愚。

做女人，一定要做到大智若愚，让该聪明、清醒的时候，决不糊涂，该糊涂的时候，一定不要聪明。不为烦恼所扰，不为人事所累，这样才会有一个幸福、快乐、成功的人生，这样才是一个真正的智者。

完美是一座海市蜃楼

没有一个女人是完美无瑕的，难道有缺点和不足就注定要悲哀，要默默无闻，无法成就大事吗？答案是否定的，有时候，缺憾也是一种美，如同断臂的维纳斯。只要你把"缺陷、不足"这块堵在心口上的石头放下来，别过分地去关注它，它就自然不会成为你的障碍。

人们总是对人生抱有一种力求完美的心态，凡事都要力求完美。其实完美不过是一座海市蜃楼，根本不存在。一个女人如果对自己和他人要求过高，总是追求完美，强迫自己做到尽善尽美，会妨碍你享受成功所带来的一切欢愉。

很多人都希望按照自己的想法来设计人生，在他们的心目中，总是渴望一种完美的生活状态。可是人生并没有完美可言，那些童话里的理想世界是不可能在现实生活中出现的。如果我们不能接纳生活中的不完美，而一味地苛求生活，那么到头来只是自寻烦恼

在印度佛教的经典《百喻经》中，有这样一则可笑而发人深省的故事。

有一位先生娶了一个体态婀娜、面貌娟秀的太太，两人恩恩爱爱，是人人称羡的神仙美眷。这个太太眉清目秀，性情温和，美中不足的是长了个酒糟鼻子，好像失职的艺术家，对于一件原本足以称傲于世间的艺术精品，少雕刻了几刀，显得非常突兀怪异。

　　这位丈夫对于太太的鼻子终日耿耿于怀。一日出外去经商，行经贩卖奴隶的市场，宽阔的广场上，四周人声沸腾，争相吆喝出价，抢购奴隶。广场中央站了一个身材单薄、瘦小清癯的女孩子，正以一双汪汪的泪眼，怯生生地环顾着这群决定她一生命运的大男人。

　　这位丈夫仔细端详女孩子的容貌，突然间，他被深深地吸引住了。好极了！这个女孩子的脸上长着一个端端正正的鼻子，这位丈夫不计一切买下她！

　　这位丈夫以高价买下了长着端正鼻子的女孩子，兴高采烈，带着女孩子日夜兼程赶回家，想给心爱的妻子一个惊喜。到了家中，把女孩子安顿好之后，他用刀子割下女孩子漂亮的鼻子，拿着血淋淋而温热的鼻子，大声疾呼：

　　"太太！快出来！看我给你买回来最宝贵的礼物！"

　　"什么样贵重的礼物，让你如此大呼小叫的？"太太狐疑不解地应声走出来。"你看！我为你买了个端正美丽的鼻子，你戴上看看。"

　　丈夫说完，突然抽出怀中锋锐的利刃，一刀朝太太的酒糟鼻子砍去。霎时太太的鼻梁血流如注，酒糟鼻子掉落在地上，丈夫赶忙用双手把端正的鼻子嵌贴在伤口处。但是无论丈夫如何努力，那个漂亮的鼻子始终无法粘在妻子的鼻梁上。

　　可怜的妻子，既得不到丈夫苦心买回来的端正而美丽的鼻子，又失掉了自己那虽然丑陋但是货真价实的酒糟鼻子，并且还受到无端的刀刃创痛。而那位糊涂丈夫的愚昧无知，更叫人可怜！

这个行为虽然让我们觉得有些可笑，但是人们追求完美的心理，却与文中那个手拿利刀的丈夫如出一辙。有些人以为自己追求完美的心理是积极向上的表现，其实他们才是最可怜的人，因为他们所追求的完美不过是自己的自以为是。也就是说他们所有的追求如海市蜃楼，只是一个幻影而已。

每一个女人身上都有优点和缺点，只要在生活中，做到扬长避短，有的放矢，缺点也不是什么大障碍，甚至是微不足道的。因此，面对生活，只要我们不经常用完美的心态去要求它、设计它，那么我们自然就会减少很多的烦恼和忧伤，那些不完美也不会让我们感到失望。

曾子墨是凤凰卫视主持人。1991年进入中国人民大学学习国际金融。一年后赴美留学。1996年毕业于美国达特茅斯大学（常春藤盟校），取得经济学学士学位。毕业后加盟国际投资银行摩根士丹利事投资银行，在担任分析员两年中的出色表现使曾子墨成为该公司的最耀眼的明星员工，并参与完成了历史上最大规模的并购交易。

2000年，毫无新闻采访经验的她，加入凤凰卫视资讯台担任财经节目主播，发挥其事业判断透析全球经济形势及第一手金融行情。主持的栏目包括《财经点对点》《财经今日谈》和《凤凰正点播报》。2001年采访于香港举行的《财富全球论坛》，三天内总共采访了八位大企业和财团的领袖，并参与制作节目《复关入世十五年》。2002年她采访了"亚洲开发银行35届理事会年会"和"两会"。由她参与拍摄的纪录片《我们在朝鲜的日子》更获得观众一致好评。随后担任《经济制高点》的主持人。

那么年轻的曾子墨曾经是华尔街上身价最高的华人女孩子之一，

生活光鲜体面，落满了别人艳羡的眼光，就当她的事业似乎已在世界顶峰时，她却做出了一个让人匪夷所思的决定，"我不想用自己的生命，去点亮别人罩在我头上的光环。"她说她想改变自己的工作和生活方式，她加入凤凰卫视。

关于对完美的理解，曾子墨认为幸福在于生活中的不完美。她说："如果说幸福本身的话，我第一反应就会说幸福是看到孩子的笑脸，当然我现在生活的状态也很幸福。至于我的梦想？我希望能有更多自由支配的世界，这些时间可以用来做好多好多的事情，比如去自己没去过的地方，伴随孩子成长，做自己没做过的事情等。而且当你知道世界的不完美之后，你会慢慢体会到自己已经拥有了多少，并且学着珍惜它们。我们采访过很多弱势群体，你看到他们的生活，你才知道其实我们拥有很多了。他们那些人经历着不幸的命运，这时你会觉得自己特别幸运，所以我们应该很感激生活带给我们的这一切。"

的确，不完美本身也是一种幸福，当我们有特别强烈的欲望，或者眼睛盯着自己没有那些东西，不如回过头来看看自己有什么，并且好好珍惜你的东西。有的时候忽视身边所拥有的东西，一味想着没有拥有的东西，会让你的幸福感降低。

为了心中的一个梦而偏执地去追求，却全然不顾你的梦是否现实，是否可行，从而浪费掉许许多多的时间和精力，最终只能在光阴蹉跎中悔恨。女人，不要再继续偏执了，给自己的心留一条退路，不要因为自己的一时之错而埋怨自己，不要因为不完美而恨自己，不要因为不完美而觉得不幸福。完美不过是一座海市蜃楼，从来不存在。

快乐的法则：少一点，多一点

　　古语有云：成大事者，不拘小节。一个将注意力集中在大事情上的人，很少会去为一些无伤大雅的小事而斤斤计较。很多女人的生活总是时刻充斥着柴米油盐酱醋茶，鸡毛蒜皮的小事如同影子一般，紧紧跟随着我们，如果真的事事在意，处处关注的话，必定会陷入无尽的深渊之中。如在上班的途中，堵车堵得厉害，交通指挥灯仍然亮着红灯，而时间很紧，你烦躁地看着手表的秒针。终于亮起了绿灯，可是你前面的车子迟迟不启动，因为开车的人思想不集中，你愤怒地按响了喇叭，那个似乎在打瞌睡的人终于惊醒了，仓促地挂上了一档，而你却在几秒钟里把自己置于紧张而不愉快的情绪之中。

　　人生中总是有很多的琐事纠缠着我们，如果斤斤计较于每一件事，那生命无疑是一桩累赘，并且充斥悲剧色彩。

　　在非洲大草原上，有一种极不起眼的动物叫吸血蝙蝠。它身体很小，却是野马的天敌。这种蝙蝠靠吸动物的血生存。它在攻击野马时，常附在马腿上，用锋利的牙齿极敏捷地刺破野马的腿，然后用尖尖的嘴吸血。无论野马怎么蹦跳、狂奔，都无法驱赶这种蝙蝠。蝙蝠却可以从容地吸附在野马身上，落在野马头上，直到吸饱吸足，才满意地飞去。而野马常常在暴怒、狂奔、流血中无可奈何地死去。动物学家们在分析这一问题时，一致认为吸血蝙蝠所吸的血量是微不足道的，远不会让野马死去，野马的死亡是它暴怒的习性和狂奔所致。

与野马类似，生活中，将许多人击垮的有时并不是那些看似灭顶之灾的挑战，而是一些微不足道的小事。许多人把一生的大部分时间和精力消耗在这些鸡毛蒜皮的小事之中，最终一生一事无成。生活要求人们不断地清点，看看忙忙碌碌中，哪些是重要的，是必要的，哪些是不重要的，或是无须劳神去为之忙碌的。然后，果断地将那些无益的事情抛弃，不去理它。

　　美国研究应激反应的专家理查德·卡尔森说："我们的恼怒有80%是自己造成的。"这位加利福尼亚人在讨论会上教人们如何不生气。卡尔森把防止激动的方法归结为这样的话："请冷静下来！要承认生活是不公正的。任何人都不是完美的，任何事情都不会按计划进行。"应对生活中的不如意，理查德·卡尔森的一条黄金规则是："不要让小事情牵着鼻子走。"

　　确实，面对一些微不足道的小事情，不妨以一种宽容的心态去应对。如此一来，不又不会影响自己的情绪，同时还可以腾出来更多的时间与精力去关注更值得关注的事情。欧洲历史上最伟大的军事天才亚历山大大帝，也深知此理。

　　一次，亚历山大大帝为了解民情，身着没有任何军衔标志的平纹布衣，徒步到俄国西部旅行。正当他四处逛得十分惬意时，发现竟忘记了回去客栈的路。无意中，他看见有个军人便上前问："朋友，请问去客栈的路怎么走？"

　　那军人叼着一只大烟斗，高傲地打量了一番大帝，从嘴里挤出来几个字："朝右走！"

"谢谢！"大帝又问，"请问离客栈还有多远？"

"一英里。"那军人爱理不理地说。

大帝走出几步又折回来微笑着说："我可以再问你一个问题吗？请问你的军衔是什么？"

军人猛吸了一口烟说："猜嘛。"

大帝风趣地说："中尉？"

军人的嘴唇动了下，说不止中尉。

"上尉？"

军人摆出一副很了不起的样子说："还要高。"

"那么，是少校？"

"是的！"军人高傲地回答。于是，大帝敬佩地向他敬了个礼。

少校得意地问大帝："那你是什么官？"

大帝乐呵呵地回答："你猜！"

"中尉？"

大帝摇头说："不是。"

"上尉？"

"也不是！"

少校走近仔细看了看说："那么你也是少校？"

大帝说："继续猜！"

少校取下烟斗，用十分尊敬的语气低声说："那么，是部长或将军？"

"快猜着了。"大帝说。

"殿……殿下是陆军元帅吗？"少校结结巴巴地说。

大帝说："少校，再猜一次吧！"

"皇帝陛下！"少校的烟斗一下掉到地上，人也猛地跪下，忙不迭地喊道："陛下，饶恕我！"

"饶你什么，少校？"大帝说，"我向你问路，你告诉了我，我还应该谢谢你呢！"

与其把精力都浪费在一些小事上，以"狮子"的身份和"蚊子"纠缠不清，不如集中精力投放在自己的事业上。生活，是为了幸福；工作，是为了快乐。被小事牵住了心，情绪总是受一些不起眼的小事而受到影响，不仅会使事业禁锢在一个无法突破的"牢笼"之中，还会使生活失去许多的快乐。

我们可以相信一句话：快乐不在于拥有得多，而在于计较得少。淡定女人的幸福的秘诀是：不执着于生活中的小事。无论生活给我们笑脸，还是给我们苦酒，我们都要保持一种快乐的心情，做个快乐的俏佳人。

一位闻名遐迩的老人被电视台节目主持人作为特邀嘉宾邀请来参加活动。她确实是一个非常杰出的老人。她的讲话完全没有经过特别的准备，更没有经过任何排练。这些讲话与她的个性是完全一致的，她精神极好，容光焕发，充满快乐。无论她想说什么，她都毫不掩饰，而且思维敏捷。她的机智幽默，让听众捧腹大笑。大家都非常喜爱她。

这次节目，她给人留下了深刻印象，她也和其他人一样感到特别地兴奋。

最后，节目主持人问这位老人为什么总是这样高兴："你一定有什么特别的让自己快乐的秘密。"

老人回答说，"少点计较，多一点宽容。"

这似乎也太过于简单，但现实中却很少有人能够真正做到。的确，懂得宽容别人的女人，不只是给别人改进机会——同时也是给自己收获快乐的机会。心中充满怨怼的人，会感觉整个世界都是与他对立的，必定无法快乐，而如果以宽容面对时，这种对立感自然便会消失，取而代之的就是友好与快乐，甚至还可能更多。

快乐的女人懂得"少一点"比"多一点"更容易得到幸福，让我们努力做到：少一点期待，多一点付出；少一点挑剔，多一点欣赏；少一点指责，多一点鼓励；少一点妒忌，多一点自励……

难得糊涂，让幸福追着自己跑

"扬州八怪"之一的郑板桥，最为著名的言论莫过于"难得糊涂"四个字，也被世人推崇为为人为官的处世哲学。这里的"糊涂"意思是说，人生看重的不是结果，而是过程。因此，人们不用想太多，不用想后果，纠缠于思考是人生的负担、枷锁。

清朝乾隆年间，画家郑板桥中了进士，做了山东范县县令。一天来了个年轻貌美的寡妇朱月姣击鼓鸣冤，哭诉同村富绅魏善人夜闯民宅，对其欲图不轨，但魏善人辩称与她丈夫是旧友，现时常常接济月姣。那日月姣借得十两银子，顿生歹念，诬称调戏她。郑板桥在一时无证据的情况下，当即判朱月姣三日内交还银两。蒙冤含恨的朱月姣大骂郑板桥是糊涂官。郑板桥并不理会朱月姣的哭骂，留下魏善人看他继续判案。遇到借贷双方都是贫苦人的案子，郑板桥叫魏善人拿出十两银子做善事。遇到儿子不肯赡养的白发老婆婆，郑板桥又叫魏善人代替做这婆婆的儿子。这魏善人发现连连出血，情况不妙，欲想推脱。郑板桥说："你对朱月姣肯接济，对这风烛残年的老人就不同情？"魏善人脱口而说："我并没有送银子给朱月姣。"终于露出马脚，被判罚银二十两，赔偿朱月姣名誉损失。朱月姣再次来到公堂，才知郑板桥的心机用意，说是"难得的糊涂"。

郑板桥一生虽历经"卖画扬州、作吏山东"的沉浮生涯，但倾其毕生，不难发现，"难得糊涂"的效用，让其一生在在处处，无不充满"阳光雨露"。糊涂的人往往更快乐，幸福会追着他们走，他们不必费尽心机争取，可以随意享受阳光的热情。太过理性的人则是追着幸福跑，用尽全力也抓不住飘忽不定、转瞬即逝的幸福。

林语堂在《生活的艺术》中对所谓"和平主义者"这样写道："中国和平主义的根源，就是能忍耐暂时的失败，静待时机，相信在万物的体系中，在大自然动力和反动力的规律运行之上，没有一个人能永远占着便宜，也没有一个人永远做'傻子'。"

难得糊涂是心理环境免遭侵蚀的保护膜。在一些非原则性的问题上糊涂一下，无疑能提高心理承受力，避免不必要的精神痛楚和心理困惑。有了这层保护膜，会使你处乱不惊，遇烦不忧，以恬淡平和的心境对待各种生活的紧张事件。

有一对人人称羡的"神仙眷属"，男的遭遇车祸骤然辞世。3个月后，妻子勉力撑持，在哀伤中整理丈夫的遗物。她想丈夫生前的一切都留在她的记忆中，她想打开丈夫常用的邮箱，把她们曾经美好的回忆永远储存起来。

虽然她并不清楚丈夫的邮箱密码，但她灵机一动试了试用结婚纪念日的密码登录。没想到，她在邮箱里看到的是丈夫和另一个女人的通信，抒写不尽的柔情蜜意。妻子意识到，在失去丈夫的肉身之前，她早已失去了丈夫的灵魂。多少年的恩爱，多少年的信赖，瞬间垮塌。

如果没有这最后的清醒，她会一直拥有一个完美的记忆，会感觉至少在人生的一个阶段，自己曾经是一个幸福的女人。她宁可自己从来没打开过那个邮箱。

是啊，所有的幸福都是相似的，所有的不幸，其实也是相似的——不错，是各有各的不幸，但千万种不幸里一个共通的基本元素，叫作"清醒"。稀里糊涂地过日子，有时候倒不是坏事，清醒会加重对不幸的痛感。

女人在生活中，应该做到难得糊涂。现实的女人不忍丈夫采野花而吵架不断的；有追求幸福不惜红杏出墙的；有为琐繁杂事而大打出手甚至手刃亲夫的……生活在这样框架下的女人，指定不是幸福的。争吵或敌视都不是女人幸福的法宝，当男人做得不够好，或有意大发雷霆的时候，女人善意的温情，难得糊涂的风范，定能化解将要发生的"干戈"。

在工作上，女人应该难得糊涂。女人与男人同样拥有工作的权利，所不同的是，在工作上，男人似乎比女人显得稍微"霸权"。女人必须对所处的氛围了如指掌，对同事、领导的协调和应对上"糊涂"。在本职工作上保持高度"清醒"，不参与小帮派式"站队"，不参与谣言、矛盾的猜疑。始终保持一种愉悦的心态，抛"名利"于九霄，远"是非"于尘外。

总之，我们总要与人和平相处，要拥有一个良好的人际关系网和前途，你就需要一本糊涂经。糊涂经就是外表糊涂，内心清明的大智若愚。女人应该培养自己适应各种环境的能力，遇事总能满足，烦恼就少，心理压力就小。生老病死，天灾人祸都会不期而至，用难得糊涂的随遇而安之法去对待生活，你将拥有一片宁静清新的心灵天地。

　　做一个难得糊涂的女人，睁眼闭眼之间，势必能博得"幸福之神"的宠爱。

第十三章

悦纳烦恼，永葆纯净心灵

下雪天，赏雪天

生活中，有很多女人过着别人看起来是还不错的生活，可如果问她们，十之八九都会说并不满意现在的生活。为什么有的女人总都把自己陷入无边的苦恼和痛苦中挣扎？面对生活中的痛苦，如果一味沉浸在对命运的抱怨中，那么我们看到的只能是漫无天际的悲观和失望。

只有失去的人才会真正懂得珍惜，只有痛过苦过才会觉得幸福和成功的甜美，没有烦恼你就不会觉得快乐有多美好。一位睿智的哲人说，烦恼是人驾驭不了自己而徒劳的叹息。的确，如果我们时刻保持一颗豁达的心，即使是在人生的风雪里，也只会当成是风景来观赏。

　　曼德拉因为领导反对白人种族隔离的政策而入狱，白人统治者把他关在荒凉的大西洋小岛罗本岛上 27 年。当时曼德拉年事已高，但看守他的狱警依然像对待年轻犯人一样对他进行残酷的虐待。

　　罗本岛上布满岩石，到处是海豹、蛇和其他动物。曼德拉被关在总集中营一个锌皮房，白天打石头，将采石场的大石块碎成石料。他有时要下到冰冷的海水里捞海带，有时干采石灰的活儿——每天早晨排队到采石场，然后被解开脚镣，在一个很大的石灰石场里，用尖镐和铁锹挖石灰石。因为曼德拉是要犯，看管他的看守就有 3 人。他们对他并不友好，总是寻找各种理由虐待他。

　　谁也没有想到，1991 年曼德拉出狱当选总统以后，他在就职典礼上的一个举动震惊了整个世界。

　　总统就职仪式开始后，曼德拉起身致辞，欢迎来宾。他依次介绍了来自世界各国的政要，然后他说，能接待这么多尊贵的客人，他深感荣幸，但他最高兴的是，当初在罗本岛监狱看守他的 3 名狱警也能到场。随即他邀请他们起身，并把他们介绍给大家。

　　曼德拉的博大胸襟和宽容精神，令那些残酷虐待了他 27 年的白人汗颜，也让所有到场的人肃然起敬。看着年迈的曼德拉缓缓站起，恭敬地向 3 个曾关押他的看守致敬，在场的所有来宾以至整个世界，都静下来了。

　　后来，曼德拉向朋友们解释说，自己年轻时性子很急，脾气暴躁，正是狱中生活使他学会了控制情绪，因此才活了下来。牢狱岁月给了他时间与激励，也使他学会了如何处理自己遭遇的痛苦。他说，感恩与宽容常常源自痛苦与磨难，必须通过极强的毅力来训练。

　　获释当天，他的心情平静："当我迈过通往自由的监狱大门时，我已经清楚，自己若不能把悲痛与怨恨留在身后，那么我其实仍在狱中。"

没错，面对生活中的磨难，如果不能以豁达的心胸面对，那么我们只能一直生活在痛苦当中。在生活中，很多人都不能放下心中的痛苦，他们觉得是命运的薄待，让他们感受到了诸多痛苦。所以，他们愤恨，他们抱怨，甚至于还会想到要报复。

可是，即便是我们把心中的痛苦都发泄出来，我们仍然没办法减轻自己心中的痛苦，因为我们不曾放下。所以，与其让别人加入我们的痛苦，不如我们自己释怀，看淡得失。

琳娜今年36岁，两前离了婚，曾经流产两次。她现在对婚姻没有过多的期待，最渴望生小孩，她感到如果自己不能生一个孩子，她的生活就会有很大一部分的缺失，而这种让她遭受严重损失的感觉让她觉得生活"糟糕透了"。更让她苦恼地是，她一直都没能找到合适的对象。所以，她为此郁闷不已。

过了一段时间后，随着她找到合适对象的希望日益渺茫，她变得更加抑郁。遇人就诉说这种处境。事实上，琳达明白，不能生小孩其实并不是她痛苦的，而她总是由此想到以前婚姻的不幸经历，她越发陷入痛苦中无不自拔，严重影响到了琳达工作和生活。

琳娜只好求助心理医生。医生设法让她明白：虽然她的情况确实让人难过，但是如果她过于强调这种悲伤的感受，就不得不陷入这种被痛苦反复折磨的日子。时间长了，将会给自己带来抑郁感。这对于生小孩或得到自己所想要的东西都没有任何好处。

通过心理医生的疏导，琳娜自己通过心态调整，她明白了：只有放下痛苦，才有可能得到自己想要的一切。于是，琳达开始不断告诉自己，"虽然我的悲伤仍会存在，但我不能再让自己生活在痛苦之中，并终于为此事烦恼不已。"

后来，琳达逐渐消除了自己的抑郁感，她开始不断尝试，并希望能找到一个合适的伴侣，然后完成自己做母亲的心愿。

很多时候，事情的真相不是如我们想象的那样，只有肯放下，才会得到。放下是认清了生命本质后的释然，也是一种对世界的了然和通透，是一种对人生的豁然开朗后的喜悦。老子在道德经中曾说过，空之用大矣哉，不空掉烦恼，就如一潭死水是一样的，没有了灵动的美丽。

让我们做个豁达的女人，保持一个平和宽容的心态，努力去感受生命中悲喜，生活中的苦乐。

最悲伤时，能哭且哭

生活中，有的女人总是以坚强自信的一面示人，即便是遇到极大的痛苦也是强打精神，以一张如花的笑脸面对，她们不愿在人前表露出自己内心的脆弱。再坚强的女人也有脆弱的时候，经常压抑自己的情绪，反而不利于坏情绪的宣泄。

美国生物化学家费雷认为，人在悲伤时不哭出来有害健康，属于是慢性影响。他的调查发现，长期不哭的人，患病率比哭的人高一倍。为此我们有理由相信：哭是有益健康的。情感变化引起的哭是机体自然反应的过程，不必克制。尤其是心情抑郁时。所以，女性朋友们，别逞强，悲伤时，能够放声大哭，也是好的。

　　成慧在市中收一座高大又气派的写字楼里工作，是一家广告公司的策划部经理。平日里，她穿着得体，装扮精致，在属下眼中是一位精明能干的女性。

　　成慧从小是一个环境优越的家庭中长大的，父母都是知识分子，培养了她的修养，也给了无尽的宠爱。长大后的她又出落得越发漂亮，自大学毕业参加工作后，身边从不乏男人围绕。这么些年，一直有男人执着而又固执地追求她，那就是她现在的丈夫。

　　丈夫是她众多追求者中的一员，虽不是女人最满意的，但她相信如果不是真心爱自己，根本不可能坚持了这些年在她身边，最后她还是选择了他。婚后，丈夫的表现证明成慧是有目光的。她越来越爱身边这个男人，在他身上越来越散发男人魅力。

　　丈夫对家庭着很有责任心，倍加关爱成慧和儿子，而且在事业上也做出不错的成就。不到40岁，他已经成为一家大型国有企业的总经理。但两年的一个意外打碎了这个美满的家庭。

　　那时，他们的新房子已经拿到了钥匙，开始准备装修。就是在两人去买装饰材料的路上，丈夫心脏病突发，还没到医院，就在她的怀里停止了呼吸。从丈夫的身体变得冰凉，到入土为安，在亲朋好友、公司领导同事等100多号人面前，漂亮的女人傻了，傻到不会哭。

　　处理完丈夫的后事之后，成慧还是把房子装修好了。她一个人兼顾着照顾孩子、安慰老人，依然去上班。同事都说她是一个内心足够强大的女人。事实上，这种感受只有她自己能够清楚，内心的痛有多深。

　　成慧知道自己不能倒下，哭泣给谁看呢？不懂事的孩子？悲伤过度的老人？她的坚强迫不得已的，她的生活过得非常压抑。一年过去了，到了丈夫去世的周年那天，成慧再也无法用所谓的坚强压抑自己痛苦的心情。

她在丈夫的墓前痛哭。"在我越来越爱你的时候，你却走了，你怎么忍心私下我一个人独自支撑这个家？孩子很好，只是他的成长过程中需要你的陪伴；父母很好，他们再也得不到你的关爱……"成慧一直哭着，哭出了一年来承受的所有委屈。

天黑了，当她站起身来，才发现心中轻松了，好像不像之前那么痛了。成慧突然明白：生活总在继续的，总不能一直痛哭下去。逝去的丈夫生前最大的愿望便就是：希望她和儿子能够永远开心、快乐地生活！

女人不哭，只能是一种伪装的坚强，只能让压抑的情感更深地埋在心里，从而让感情的伤害演变成对感情和健康的双重伤害！故此，女人当哭就哭，让受伤的心找个滴血的出口，在已极的痛楚中学会好好地爱自己！

生活中，当我们看到亲朋好友泪雨纷纷时，总是会安慰说"别哭，要坚强。"谁说坚强的人就不能流泪？眼泪是一个人悲伤时的情感传达，也是释放悲伤的一种方式。所以，女人在悲伤时刻，不必强忍着自己的眼泪，哭泣并不丢脸。

有个小男孩问妈妈："妈咪，你为什么在哭呢？"

妈妈说："我就是想哭。"

小男孩说："我不懂。"妈妈抱抱他，说："是的，有些事你永远不会懂的。"

之后，小男孩问爸爸："为什么妈咪会无缘无故地就在哭呢？"

爸爸答的上来的只有："所有的女人都会无缘无故地哭。"

小男孩长大成了男人，但还是想不通女人为何而哭？

最后他决定打电话问上帝，他直接在电话中问："上帝，为什么女人这么会哭呢？"

上帝回答："我所塑造女人，必须是非常特别的。我让她的肩膀强韧得足以背负这个世界但是又柔软地可以给人抚慰；我赐予她敏锐的心，让她不论在何种处境下，都会去爱她的孩子，即使孩子曾深深伤害过她；我赐予她力量，带领丈夫度过他犯的过错，让她扮演守护丈夫心灵的角色，一如肋骨保护心脏般……最后，我给了她眼泪，任何时刻可以自由运用的专属权利。"

女人的美丽不在于她穿的衣裳、外貌体态；她的美丽是在她的眼睛里，因为那是通往她心灵的入口——爱的栖息处。太多的时候，女人喜欢用眼泪表达自己的情绪，眼泪是女人心情的晴雨表，感性又让人忍不住怜爱。

毕业典礼时，有人唱出"青青校树，萋萋庭草"时，女生往往会眼眶潮湿。"我们就要各奔西东了，祝你一帆风顺……"女生彼此抱抱肩膀，呜咽的声音此起彼落。

女儿出嫁时"爸爸、妈妈，谢谢您俩的疼爱与照顾。我要走了。您俩儿要保重啊……"说着，浓妆的脸上淌下几滴清泪。

……

眼泪是女人最细腻的情感的表现。女人的一生堪称浸在泪水里——心里悲凄时，那没有话说；想不到喜事临门时，她们也要热泪涟涟。心理学上认为泪水有一种"净化作用"，不仅可滋润清洁眼球，还给人"心胸感到开朗"之感。

但凡真性情的女人，很少压抑自己的情绪，当哭则哭，得笑且笑。她们的眼泪绝不会流给不该看的人看到。她们只是在爱人面前，在最悲伤的时候，释放出自己的不舍，滴滴泣血，滴滴晶莹。

世上没有绝对的公平

有些女人一旦受到委屈或某种不公平的待遇就满情愤怒，抱怨世事不公，让愤懑和抱怨填满自己的心怀。比尔·盖茨说："生活本来就是不公平的，除了适应，我们别无他法。"没错，我们期待绝对的公平，可世界上哪有绝对的公平？

面对种种不公的现象，怯弱的人抱怨，清高的人逃避，焦躁的人愤怒，悲观的人绝望，而淡定的人将不公平视为改变命运的契机，是上天赐予的礼物，是让自己更加成熟的磨炼。面对过往，淡定的女人总是坦然接受，淡化坎坷，并用"穷且益坚，不坠青云之志"的坚韧去跨越。

生活对美国总统罗斯福并不公平，小时候的他非常脆弱胆小，总是带着一种恐惧的表情，喘着粗气。每次老师叫他起来背诵，他的双腿就开始发抖，嘴唇也颤抖起来，这让他的声音总是含含糊糊的，引来同学的哄堂大笑。

所以，他常常回避同学间的集体活动，也不喜欢与人交朋友，只是习惯一个人，越来越孤僻。然而，罗斯福却并不甘心被自己外貌和性格上这些先天的缺陷打败，他骨子里那股不屈的奋斗精神在提醒他，不能放弃！——那是一种任何人都具有的奋斗精神。是上天在赐予了不公后给予的最公正的补偿。缺陷促使了他更加努力地改变自己，他将喘气的习惯变成了一种坚定的嘶声，他咬紧自己的牙床使嘴唇不再颤动，他用坚定的意志克服了自己的恐惧。

但老天在他三十九岁的时候又给了他一记重击，罗斯福不幸地罹患了脊髓灰质炎，最终导致了终身瘫痪。但罗斯福是如此地了解自己，他太清楚自己的种种缺陷。他从来不欺骗自己是勇敢的、强壮的、好看的。对于缺点，他克服一切他可以克服的，不能克服的便加以利用，就像他童年时做的一样。通过演讲，他学会熟练地使用一种假声，以掩饰他那无人不知的龅牙。他裹着毯子、坐着轮椅进行"炉边谈话"的样子，令民众再也记不起他以前那打桩工人般的姿态。

面对不公，罗斯福没有退缩和消沉，他从不抱怨上天，充分地认识自己，正确地评价自己，与困境抗争，甚至将缺陷加以利用，变为登上名誉巅峰的资本。

贝多芬的失聪、罗斯福的瘫痪、林肯的丑陋、拿破仑的矮小……上帝给他们以缺陷但也赋予了他们高贵的品行和坚强的意志，还有认识自我的头脑，于是一些凡人眼中可怕的缺陷，在他们这里已不成问题。他们的伟大成就掩盖了一切，让他们的形象因此而显得更加辉煌。我们也许这一生都无法取得那么大的成就，但却可以学习他们那种坦然面对自身缺陷的态度。承认了不公，宽容了自己的缺点，也就宽容了人生。

再美的春天也难免会有枯叶飘零，但这无碍于春意盎然的盛景；再好的晴天也会有乌云飘过，但它遮蔽不住整个世界的光明；

再清澈的水也免不了会有杂质，但依然能够映照出蓝天和你的面庞。幸福不会是纯粹的，它有各种成分在里边，也从来不曾绝对。幸福生活也会有杂质，但它不会使幸福贬值，更不至于让幸福变质。恰如一粒微尘，尽管肆意飞扬在风的世界里，却何曾遮蔽一草一木，又何曾浊化朗朗青天？尽管贸然地砸入水的平静中，却何曾破发一丝声响，又何曾惊起半点涟漪？

十岁的美国小男孩里维，在一次车祸中失去了左臂，但是他很想学柔道。里维拜了一位日本柔道大师做师父，开始学习柔道。他学得不错，可是练了三个月，师父只教了他一招，里维有点弄不懂了，上进好学的他想要学习更多的招数。他终于忍不住问师父："我是不是应该再学学其他招数。"

师父回答说："不错，你的确只会一招，但你只需要会这一招就够了。"里维并不是很明白，但他相信师父，于是就继续照着练了下去。几个月后，师父第一次带里维去参加比赛。里维没有想到自己居然轻轻松松地赢了前两轮。第三轮稍稍有点艰难，但对手还是很快就变得急躁起来，连连进攻，里维敏捷地施展出自己的那一招，又赢了。就这样，里维迷迷糊糊地进入了决赛。

决赛的对手比里维高大、强壮许多，也似乎更有战斗经验。里维一度有些招架不住。裁判担心里维会受伤，就叫了暂停，打算就此终止比赛，然而师父不答应，坚持说："继续下去！"比赛重新开始后，对手放松了戒备，里维立刻使出他的那招，制服了对方，由此赢了比赛，得了冠军。

回家的路上，里维鼓起勇气道出了心里的疑问："师父，我怎么凭一招就赢得了冠军？"师父答道："有两个原因：第一，你几乎完全掌握了柔道中最难的一招；第二，就我所知，对付这一招唯一的办法是抓住你的左臂。"所以，里维最大的劣势变成了他最大的优势。

生活中的意外常常让人毫无防备地受到伤害，有的女人总是悲观地表示世事皆造化弄人，抱怨自己未曾得到生活的庇佑。世上没有绝对的公平，关键是自己如何把握，上帝或许忘了对生活进行精细的雕琢，但是却从来不曾把幸福遗失。学会如何面对不公平，远远比学会如何评价不公平重要。

每个女人都有理由相信自己的生活并非充斥着缺憾和绝望，那些所谓的不足从来就不曾影响到我们对生活的追求，也从来不曾破坏我们拥有的幸福。我们需要淡定地面对生活中的不公平，宽容地对待自己的缺陷。

世上没有绝对的公平，事实上，当我们回首人生，就能够发现它们原来只是微不足道的尘土而已，而人事辗转，年华飞逝，它们早已沉淀在幸福的角落，难以寻觅。人生难免有点墨之污，难免有行迹之晦，但无须斤斤计较，也无须耿耿于怀。很多时候，并不是生活不够公平，而只是女人们还不够淡定。

一生要学会的一种妥协

人的一生，并不是永远的一往无前，其中少不了曲曲折折，离不开磕磕绊绊，更避免不了迂回的妥协。妥协有时候不是无能，而是一种智慧的表现。一名女作家说："在婚姻中，最先低头的那个，往往是爱得深的那一个。"的确，婚姻中，懂得妥协的那个人往往是最有智慧的，他懂得包容爱人，明白用妥协可以换得宁静的生活。

很多女人缺少生活的历练，却对生活要求太高，任何事情都想要一个结果：朋友为什么会给自己"穿小鞋"？男友在外面交了些什么朋友？上司对同事为什么比自己好？但生活中的是是非非很多，我们无法对每件事都做一个清楚的交代。有时候，我们不必太较真，在某些不伤感情的问题，不妨试着妥协。

三八妇女节前夕，某市政府为了关注女性同志的幸福指数举办了一场讲座，并特意从外地请来一个著名婚恋专家为广大女市民解答婚姻遇到的困扰。也许是宣传力度比较大，也许是广大女性比较关注自己的婚恋情况。忘之，前来听讲的人很多。

讲座一开始，只见这个专家快步走进教室，把随手携带的一叠图表挂在黑板上，然后，他掀开挂图，上面用毛笔写着一行字：

"婚姻的成功取决于两点：一是找个好人；二是自己做一个好人。"

"这也太简单了。"台下的女性同志发出不以为然的口气。

教授说："其实这也不不简单，需要你们准确地识人，万一遇人不淑，婚姻很可能失败。当然这是最主要，至于其他的秘诀，也都是一些老生常谈的问题。"

台下坐着有许多已经结了婚，有着深切的体会。一时间，台下嗡嗡作响，开始议论纷纷。这时，有一位三十多岁的女子站了起来，说："如果这两条没有做到呢？"

教授翻开挂图的第二张，说："那就变成四条了。"

一、忍让，帮助，帮助不好仍然忍让。

二、使忍让变成一种习惯。

三、在习惯中养成宽容的品性。

四、做个宽容的人，并永远保持下去。

这位专家还未把这四条念完，台下就有人大声喧哗起来，有的说这怎么可能，这不是无能的表现吗？有人还说，一味纵容他，这根本做不到。

专家示意大家静下来，接着说："忍让与宽容不是无能的表现，而是婚姻的一种智慧。如果你们这四条做不到，但又想有一个稳固的婚姻，那你就得做到以下十六条。"

接着教授翻开第三张挂图。

一、不同时发脾气。

二、除非有紧急事件，否则不要大声吼叫。

三、争执时，让对方赢。

……

专家念完，有些人笑了，有些人则叹起气来。听了大家的议论，专家又说："如果大家对这十六条感到失望的话，那你只有做好下面的二百五十六条了。接着教授翻开挂图的第四页，这一页已不再是用毛笔书写，而是用钢笔，二百五十六条，密密麻麻。

教授说："婚姻到这一地步就已经很危险了。如果想经营好婚姻，一定要先学会妥协。婚姻中的两个人，如果遇到一点分歧就矛盾就互不相让，争论不休，怎么可能会有幸福与快乐的日子。"这时台下响起了更强烈的喧哗声。

生活中，有些看似聪明的女人其实很愚蠢。她们总被生活牵着走，为了一点小事，就会歇斯底里，这种女人就会老得很快。如果能够"糊涂"一些，女人就会远离很多烦恼，活得更加快乐，不会被生活的琐碎吹皱脸上的纹理。

生活原本就是简单的，是我们自己太过计较了，所以变得越来越复杂。太过计较的人总是追着幸福跑，用尽全力也抓不住飘忽不定、转瞬即逝的幸福。每跨出一步，前面意味着什么，得到什么或失去什么，人未动心已远，何止一个"累"字了得。

婚姻中我们学会示弱，尤其是在一些细枝末节的问题上，不要揪着不放，得理不饶人。有人说，恋爱时要瞪大双眼，结婚后要学会闭上一只眼，也是这个道理。两个在一起，成长环境，文化背景，生活习惯等都会有差异，学会容忍对方本身就是爱的体现。

有一对青梅竹马相依相爱的恋人，他们一直很好。本着共同步入婚姻的目的而交往的。某一天，由于两人发生了一点小口角，倔强的两个人互不相让。

女孩想，还没结婚就对我这样，那以后是不是更不管不顾了。男孩想，我现在让了她，那结婚以后还不得处处妥协，那样我就没有自我了。

于是，两个都在等对方主动低头认错。最后，男孩去找了女孩，但到了女孩家门口敲了一下门，看女孩没开门，就以为无法挽回了。一气之下，远走他乡。

过了几年，两人在一个陌生的城市偶遇了。双方聊天得知，对方都各自结婚了，但彼此婚后的生活都不怎么幸福，时常怀念年轻时的那段初恋。

分别时，男人小心翼翼地说："我想知道那天晚上我来敲你的门，你为什么不开门？难道你真的没有听到吗？"

女人羞涩地低吟着："我听到了，其实我一直在门后等你。"

男人不解地又问："等我？那为什么不给我开门啊？"

女人小声地答道："我想等你多敲几下再开门，可是你只敲了一下就离开了。"

男人说："当初我去找，都是敲一下你就出来了。那次我以为故意躲开我。"

女人说："可是那次我们吵架了，你应该多敲两下的。"

当然，他们都为这事后悔了。她后悔自己过去执拗，她完全可以在他敲第一下的时间把门打开，或者在他离去时把他叫回来，这样她已经很有面子了。为什么非要坚持站在门后等他再敲一下门呢？

而男人现在才如梦初醒，原来那扇门并没有关死呀，是已经准备着为他打开的，可他为什么不继续敲下去呢？只要多敲一下，一切就完全是另外一种样子！

其实，很多时候，坚持还是妥协，往往是最艰难的抉择，也可能是最具有决定意义的抉择。爱人之间，有许多坚持往往不必要的，而是一生要学会一种妥协。给对方一个台阶，就能尽释前嫌。就像那故事一样，她就在门后等着呢，如果再多敲一下，幸福的门就会开启。

婚姻中，糊涂一番又何妨？只有想得开，放得下，朝前看，才有可能从琐事的纠缠中超脱出来。假如对生活中发生的每件事都寻根究底，去问一个为什么，那实在既无好处，又无必要，而且破坏了生活的诗意。

淡看名利如浮云，荣辱皆在自己

《清代皇帝秘史》记述乾隆皇帝下江南时，来到江苏镇江的金山寺，看到山脚下大江东去，百舸争流，不禁兴致大发，随口问一个老和尚："你在这里住了几十年，可知道每天来来往往多少船？"老和尚回答说："我只看到两艘船。一艘为名，一艘为利。"

一语道尽天下事。人活在世界上，无论贫穷富贵，穷达逆顺，都免不了与名利打交道。现实中，很多人整天地忙忙碌碌，无非是争名夺利，劳累过度，身心俱疲。淡定的女人视名利如过眼云烟，因为她们知道只有这样，才能无荣无辱无烦恼。

旷世巨作《飘》的作者玛格丽特·米切尔说过："直到你失去了名誉以后，你才会知道这玩意儿有多累赘，才会知道真正的自由是什么。"盛名之下，是一颗活得很累的心，因为它只是在为别人而活。我们常羡慕那些名人的风光，可我们是否了解他们的苦衷？其实大家都一样，希望能活出自我，能活出自我的人生才更有意义。

淡泊名利是一种境界，追逐名利是一种贪欲。放眼古今中外，真正淡泊名利的很少，追逐名利的很多。今天的社会是五彩斑斓的大千世界，充溢着各种各样炫人耳目的名利诱惑，要做到淡泊名利确实是一件不容易的事情。

一天，山前来了两个陌生人，年长的老人仰头看看山，问路旁的一块石头："石头，这就是世上最高的山吗？""大概是的。"石头懒懒地答道。老人没再说什么，就开始往上爬。

年轻人对石头笑了笑，问："等我回来，你想要我给你带什么？"石头一愣，看着年轻人，说："如果你真的到了山顶，就把那一时刻你最不想要的东西给我，就行了。"年轻人很奇怪，但也没多问，就跟着年长的老人往上爬去。

斗转星移，不知又过了多久，年轻人孤独地走下山来。石头连忙问:"你们到山顶了吗?""是的。""另一个人呢?""他,永远不会回来了。"石头一惊,问:"为什么?""唉,对于一个登山者来说,一生最大的愿望就是战胜世上最高的山峰,当他的愿望真的实现了,也就没了人生的目标,这就好比一匹好马折断了腿,活着与死了,已经没有什么区别了。于是,他从山崖上跳下去了。"

"那你呢?"石头好奇地问道。

年轻人说:"我本来也要一起跳下去,但我猛然想起答应过你,把我在山顶上最不想要的东西给你,看来,那就是我的生命。""那你就来陪我吧!"

年轻人在路旁搭了个草房,住了下来。人在山旁,日子过得虽然逍遥自在,却如白开水般没有味道。年轻人总爱默默地看着山,在纸上胡乱抹着。久而久之,纸上的线条渐渐清晰了,轮廓也明朗了。后来,年轻人成了一个画家,绘画界还宣称一颗耀眼的新星正在升起。接着,年轻人又开始写作,不久,他就以他的文章回归自然的清秀隽永一举成名。

许多年过去了,昔日的年轻人已经成了老人,当他对着石头回想往事的时候,他觉得画画写作其实没有什么两样。最后,他明白了一个道理:其实,更高的山并不在人的身旁,而在人的心里,只有忘我才能超越。

故事中从山上跳下去的登山老人,执着地追求着攀登上世界最高峰的荣誉,而一旦愿望实现,他却不能将之放下,再继续前行,所以他自认为只有绝路可寻;而另一位年轻人之前也有了轻生的念头,但因为不能违背和石头的承诺,所以他才有机会了悟真正的禅机——世界上更高的山在人的心里,收放之间,总能不断得到提升,只有坦然放下名利世俗的牵绊,才能真正提起生命的意义。

人生只是路过。淡定的人不是没有无奈，而是看淡这一切，固守着自己所谓的幸福，自在地生活，简单地快乐。因为人生的幸福原本有限，它不在于各种外在条件，而在于你是否善于享受生活的乐趣。名利之争，荣辱皆在自己。

　　黄磊，大陆影视男演员，北京电影学院硕士毕业后留校任教，现任北京电影学院教师、演员。据黄磊本人说，当初选择表演并非他的本意，而是父亲"连强迫带诱骗"的结果。

　　黄磊的父亲是个演员，在中央实验话剧院演了十几年话剧。黄磊就是在江西话剧院长大的，五岁时就登台演舞台剧。他现在还清楚地记得小时候，每当演出结束时，叔叔阿姨们把奶糖撒向观众，他和小伙伴们就趴在台上拣满满一兜奶糖。从小就目睹了演员们在舞台上的哭和笑，年幼的他产生了强烈的抵触心理，决定长大不干此行。

　　黄磊从小对数理化特别感兴趣，高中后，他在理科班成绩特别好。但黄磊的父亲一直想让他子承父业。于是父亲动之以情，晓之以理，最后总算让他转学文科。他报考了北京电影学院表演系。

　　黄磊是一个特别幸运的演员，拍第一部戏就碰到了著名导演陈凯歌，而且演对手戏的张国荣、吴倩莲、黎明等都是著名的港台演员。虽然演的是配角，但是依然很出彩。黄磊还记得首次与陈凯歌合作电影《边走边唱》的时候，陈导对他说的那句话"拍电影是一个莫大的痛苦，也是莫大的幸福"。他现在越来越体会到这句话的含义。

　　在拍《橘子红了》里放风筝一场戏时，当时是12月份，虽然在摄影棚里，他跟周迅站在"大雨"中，冷水从七八米高洒到头上，一打就是十几分钟，当导演喊停的时候，周迅就头疼得趴在他怀里哭起来。想到这些，黄磊坦言如果让他选择，他更愿意选择那段坐在家里平静休息的时光。

黄磊在演戏之路的上升中，没有像别人那样一心追逐名利，而是选择在北京电影学任教。黄磊说，其实在进表演系之前他就觉得自己会红，但在他看来这只是过眼烟云，因为"一个人会走红，也会走黑"。

如今，黄磊一边教书，一边接拍电影，间或还出过专辑。不为名利所累，宠辱不惊，只做自己想做的事。他就像是一片最美丽的云烟，时而宁静，时而热闹！一身洒脱和淡然的气息，略带低缓的声音，有如云淡风清的随性，又像布满张力的音乐剧情，不知不觉让人听上瘾……

虽然人人都知道名利只是身外之物，但是却很少有人能够躲过名利的陷阱，一生都在为名利所劳累、甚至为名利而生存。有的女人在感慨生活的无奈，有的女人则抱怨过幸福为什么不肯眷顾？也有的女人期盼美好的生活快点到来！但你是否想过究竟怎样才是最好的人生呢？

做个淡泊的女人，保持心灵的纯真，波澜不惊面对宠辱，以空灵的身心感悟人生的喜乐哀愁，就能看到走到蜿蜒小径的尽头之后的豁然开朗，曲径通幽处，别有洞天。

无畏群星光彩，花自有花的芬芳

现实生活中，有的女人常常感到实际中的"我"离理想中的"我"太遥远了。一方面在为自己设想一条成功之路，另一方面又悲叹自己无力去实现……她们就是不明白，为什么那些和自己差不多的人活得如此精彩，而自己却碌碌无为？

其实关键问题不在一个人的"天赋"有多高，而在于她们常常看不清自己，难以认识自己所拥有的一切，她们总是用羡慕的目光仰视别人，但从来看不到自己的优势，比如外貌，才能，身高，人脉等，都是你可以拿出来的资本。只是我们不能很好地利用这些资源，导致机会的错失。

罗琳太太是一家500强公司的清洁工，她手脚不是很勤快，但嘴巴却总是闲不住，经常与人搭讪，身边的手提电话也是天天响个不停，好像比公司的经理还要忙。

一天，公司的员工们聚在一起聊天，汤姆突然感叹道："我们连罗琳太太都不如啊！"见到别人诧异，他又说："你猜她每个月能赚多少钱？"

一个清洁工，薪水再高能高哪去？有人说500，有人说800，但汤姆只是摇摇头，伸出了四个指头，于是有人就"大胆"地预测："不会是4000吧，挺厉害的呀。"

"什么4000？是4万美元！她每个月至少可以赚4万！"

"不会吧？"大家惊讶得眼珠子都差点掉下来。

"是她自己跟我说的。"汤姆笑着说，"罗琳太太还说，做清洁工只是一个平台，我觉得她完全可以做一个CEO了！"

原来，罗琳太太借着到公司做清洁工，打听公司里谁需要找钟点工，谁需要租房子，然后就当起了中介，收取中介费。罗琳太太还自己买了一套房子，并以一万的月租把这套房子租给了一个大公司的总裁。

罗琳太太借清洁工这个平台延伸出的另一项业务是卖保险。公司里面有不少员工都已经向罗琳太太买了几万元的保险。

罗琳太太虽然只是现实中一个社会底层的清洁工，但她的内心从不卑微，无畏周围人的光彩，运用自己所拥有的优势绽放出自己的芬芳。我们每个人都可以做出惊人的成绩，如果将自身拥有的最突出的，上天赠予的不同于别人的优秀本能发掘出来，就离成功越来越近。而那些跟着他人眼光来去的女人，会逐渐暗淡自己的光彩。

生活在别人的眼光里，总也找不到自己的路。一个人不论是什么样的，总会有他身上最闪光的地方，人身上的这种闪光点一旦被激发，即便在最卑微的生命中，也能像酵母一样，对身心起发酵净化作用，给人力量。

其实，同一个事物，每个人的眼光不同看出的效果也就不同。同是一个甜麦圈，悲观者看见的是一个空洞，而乐观者却品味到了它的味道；同是"谁解其中味"的《红楼梦》，有人听到了封建制度的丧钟，有人看见了宝黛的深情，有人悟到了曹雪芹的用心良苦，也有人只津津乐道于故事本身……

图书在版编目 (CIP) 数据

淡定的女人最幸福 / 宿文渊编著 . — 北京 : 中国华侨出版社 , 2017.12
（2018.9 重印）

ISBN 978–7–5113–7089–1

Ⅰ . ①淡… Ⅱ . ①宿… Ⅲ . ①女性－幸福－通俗读物 Ⅳ . ① B82–49

中国版本图书馆 CIP 数据核字 (2017) 第 259092 号

淡定的女人最幸福

编　　著：宿文渊
责任编辑：紫　夜
封面设计：冬　凡
文字编辑：聂尊阳
美术编辑：武有菊
经　　销：新华书店
开　　本：880mm×1230mm　1/32　印张：8.5　字数：200 千字
印　　刷：北京德富泰印务有限公司
版　　次：2018 年 1 月第 1 版　2019 年 1 月第 5 次印刷
书　　号：ISBN 978–7–5113–7089–1
定　　价：36.00 元

中国华侨出版社　北京市朝阳区静安里 26 号通成达大厦 3 层　邮编：100028
法律顾问：陈鹰律师事务所
发 行 部：（010）88893001　　　传　真：（010）62707370
网　　址：www.oveaschin.com　　　E－m a i l：oveaschin@sina.com

如果发现印装质量问题，影响阅读，请与印刷厂联系调换。